기초 과정

oils and acrylics

유화와 아크릴화

기초 과정

oils and acrylics

유화와 아크릴화

그림 **닉 티드남 | 커티스 타펜든**
번역 **채현정** 감수 **장문걸**

oils and acrylics

First published in 2003
under the title Foundation Course: oils and acrylics
by Cassell Illustrated, an imprint of Octopus Publishing
Group Ltd
2~4 HeroN Quays, Docklands, London E14 4JP
This edition published in 2006

Contents

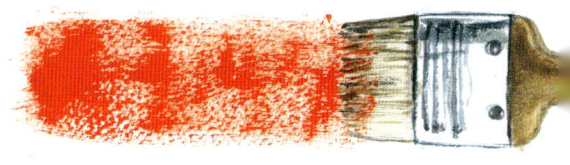

들어가는 글

유화는 이미지를 형상화하는 데 있어 풍성하고 강렬한 표현이 가장 효과적으로 드러나는 미술 형식이다. 또한 유화의 색감은 주옥처럼 투명하면서도 선명하다. 여러 가지 방식으로 사용이 가능한 유화 물감은 계속 발전해 왔으며, 유화만을 고집하는 화가들에게 많은 이점과 흥미로운 유용성을 더해 주고 있다.

초기의 유화는 그 당시 전형적인 방식인 묽은 글레이즈 기법과 부드럽고 자연스러워 눈에 띄지 않을 정도의 터치로 작업되었다. 그러나 15세기 경부터는 폭넓은 기법이 사용되기 시작했다. 그 기법 속에는 두껍게 텍스처를 내는 여러 층의 레이어와 반투명의 얇은 물감 레이어를 반복하는 것, 그리고 여러 종류의 특별한 붓과 도구를 다양하게 이용함으로써 생기는 자유로운 표현법 등을 포함한다.

아크릴화는 유화와 유사한 면과 다른 면을 모두 가지고 있다. 이것은 유화의 기법에 쉽게 접근하면서도, 한편으로는 수채화의 새로운 기법도 도입할 수 있게 한다. 요컨대 이것은 아마도 지금까지 개발된 매체 중 가장 다루기 쉬운 장르 중 하나이다. 어쨌든 아크릴 작업을 시작하면 그 재료의 장점을 경험할 수 있게 될 것이다.

만약 당신이 그림을 잘 그릴 수 있을지 확신이 서지 않아도 시각적으로 표현하고 싶다면 이 책에서 충분히 도움을 받을 수 있을 것이다. 이 책은 유화와 아크릴화를 그리는 데 필요한 다양한 도구와 재료, 그리고 기법들에 관해 철저하면서도 간결한 지침을 제공해 주고 있다.

이 책은 물감을 다루거나 색을 이어서 칠할 때, 또는 형태를 재현하는 데 있어 자신감을 가질 수 있도록 표면의 텍스처를 만들거나 그리기의 기법을 발전시킬 수 있는 여러 방법을 소개하고 있다. 또한 우리가 작업을 할 때 표현해야 하는 톤, 구성과 리듬 같은 필수 요소들을 습득할 수 있다. 과거와 현재의 유명 작가들의 작품을 예시하여 그들만의 특징을 살펴보고 새로운 시각에서 작업의 영감을 얻도록 유도하였다.

마지막으로 이 책에선 시작하는 스케치로부터 마무리 작업까지 체계적으로 그림을 연구하는 '마스터 클래스' 과정을 다루고 있다. 유화와 아크릴화의 유사성과 차이점을 맘껏 경험해 보고 그것을 통해 나만의 예술가적 독창성으로 발전시켜 보자.

유화의 역사

유럽의 창조력

15세기 유화의 출현으로 템페라(tempera)보다 더욱 다루기 쉬운 재료를 필요로 하게 되었다. 네덜란드 화가인 얀 반 아이크(Jan van Eyck, 1390~1441) 역시 템페라가 너무 빨리 마르고 그림의 표면이 자주 갈라지며, 색의 혼합이 쉽지 않은 단점 때문에 고심하고 있었다. 이러한 단점을 해소하기 위해 그는 검 아라빅(gum arabic, 아라비아 고무)과 왁스, 밤, 도토리 같은 견과 등을 재료로 하여 새로운 실험을 하게 되었다. 그 결과(아이크가 혼자 유화 물감을 발명했는지는 아직도 논쟁 중임) 18세기 초부터 안료에 송진과 기름을 첨가하게 되었다는 사실은 신빙성이 있어 보인다. 아무튼 그는 유화의 새로운 접근법, 즉 글레이즈라고 불리는 투명한 기름층과 강한 색감의 레이어 기법의 기초를 마련하고 발전시킨 사람으로 그 공로를 인정받고 있다. 이 기법은 그림의 고유한 광택을 죽이지 않으면서 그림을 수정할 수 있게 하였다.

새로운 매체의 유포

반 아이크의 제자였던 안토넬로 다 메시나(Antonello da Messina, 1430~1479)는 이 새로운 기법을 베니스에 전파했다. 그곳에서 시오반니 벨리니(Giovanni Belllni, 1430~1516)는 이 새로운 기법을 재빨리 받아들여 그만의 독특하고 화려한 '프랑브와양(flamboyance)' 표현 방식에 접목시켰다. 더욱 세련된 유화의 기법은 플로랑스의 라파엘 산티(Raphael Santi, 1488~1576)에 의해 정착되었다. 그는 색조를 점차적으로 여리면서도 순수하고 맑게 사용하여 피부를 투명하게 표현했는데, 이는 린시드 오일이 아닌 호두 기름을 이용하여 얻은 결과였다. 벨리니의 수제자인 타이티안(Titian, 1488~1576)은 부드럽고 유연한 붓 작업을 이용해 보다 광범위하게 전통적인 형상들을 묘사함으로써 유화를 더욱 발전시켰다. 16세기 초까지 유화 물감은 당대의 작가들에게 있어 가장 기본이 되는 매체였다.

플랑드르 지역 출신인 얀 반 아이크는 유화의 선구자 중 한 사람이었다. 위의 〈붉은 터번을 두른 사람〉에서 알 수 있듯이 유화의 반투명적 효과를 극대화시켰다. 그림 속의 인물이 화가 자신인지 장인인지 확실히 밝혀지지 않고 있다.

한층 어둡게 발전된 바로크 시대

화가들은 전체적으로 그림에 중간 톤을 설정함으로써 원래보다 더 어둡게 하거나 더 밝게 하는 방식을 개발하였다. 그림자는 묽고 어두운 글레이즈로, 밝은 부분은 물감을 두껍게 칠함으로써 더 강하고 드라마틱한 하이라이트를 만들었다. 카라밧지오(Caravaggio, 1573~1610)는 이 방식을 이용하여 고도의 사실주의 그림을 그렸다. 그는 그림 속에서 드라마틱하게 조명된 형상들을 통해 3차원적인 공간 효과, 즉 '키아러스큐로 (Chiaros-curo)' 기법을 달성해 내었다. 그리고 피터 폴 루벤스(Peter Paul Rubens, 1577~1640) 역시 톤의 대비를 이용한 작업과 함께 새로운 방식을 만들어 내었다. 그는 그레이를 흰 배경에 엷게 바른 후 진한 골드 빛의 옐로를 이용한 붓 작업으로 그림을 구성하였다. 이후 차가운 느낌의 중간 톤으로 불투명한 글레이즈를 이용해 어둠을 완성해 가며 먼저 작업한 옐로가 화면에 비춰 올라오게 함으로써 전체적으로 따뜻한 빛을 지닌 풍경이 되게 하였다. 벨라스케즈(Velazquez, 1599~1660)는 이 두 화가들로부터 영향을 받아서 다양한 붓 작업을 통해 세밀한 톤까지 익숙하게 조절해 나갔다. 또한 이를 통해 동적인 효과와 드라마틱한 감각도 얻게 되었다. 렘브란트 얀 린(Rembrandt van Rijn, 1606~1669)은 이 기법을 이용하여 그레이로 바탕을 칠하는 것과 병행하여 붉은 빛의 진흙을 바탕에 발라 작업을 하기도 하였다. 그는 유화 재료에서 얻어지는 질감에 만족하면서 작업의 최종 단계에서 밀도가 높고 불투명한 화이트 물감을 이용해 세부 묘사를 하였다. 이 기법은 특히 그의 후기 작업인 초상화에 많이 나타나 있다.

이탈리아 화가인 카라밧지오는 그의 작품 〈엠마오에서의 저녁식사〉(1606)에서 보듯이 유화 기법의 새로운 지평을 열고 이를 사실주의 미술에 도입하였다.

18세기 실험주의

유화 물감의 사용법이 널리 알려지면서 18세기 화단에서는 레이어 기법이 가장 보편적으로 사용되었다. 몇몇 화가들은 유화 물감에 다른 재료를 혼합하여 새로운 가능성을 실험해 보았다. 말(馬) 그림으로 유명한 영국 화가 조지 스텁스(George Stubbs, 1724~1806)는 작업 시간을 단축하기 위해 건조된 오일을 사용하였고, 조수아 레이놀드(Sir Joshua Reynolds, 1723~1792)는 송진과 역청을 섞어 새로운 재료를 개발하였다. 그러나 유화 물감의 질을 향상시키기 위한 이러한 초기의 시도들이 항상 성공적이었던 것만은 아니었다. 유감스럽게도 이러한 시도로 만들어진 작품 중 상당수는 고전적인 기법으로 제작된 작품에 비해 그림의 상태가 좋지 않았다.

이 시기의 화가들은 쉽게 사용할 수 있는 미술 재료의 필요성을 절감하고 있었다. 이로 인해 피부색 톤 등 다양한 재료를 미리 준비해 놓았다가 파는 새로운 서비스 산업이 발달하였다. 이 '컬러 맨' 산업은 물감 제조회사들의 등장과 함께 사라져 버렸다. 그러나 그 당시 '컬러 맨' 산업은 중요한 위치를 차지했는데, 이는 풍경 회화로 유명한 존 콘스타블(John Constable, 1776~1837)과 윌리엄 터너(William Turner, 1775~1851)와 같은 화가들을 탄생시키는 계기가 되었다. 이들은 앉은 자리에서 그림을 완성하는 기법(알라 프리마)으로 재료의 특성을 살려 판넬 위에서 바로 마무리하였다.

프랑스 인상주의 화가인 피사로(Camille Pissarro)는 〈둥근 바구니에 담긴 배의 정물화〉(1872년)에서 보여주듯 유화 작업의 새로운 경향을 제시하였다.

19세기 인상주의

터너는 이후 프랑스 인상주의 화가들을 비롯한 선구자들을 야외로 불러 내는 역할을 했다고 할 수 있다. 그들은 기꺼이 실내 스튜디오를 박차고 나와 계절에 따라, 시간에 따라 다양하게 변하는 풍경을 보며 굴절된 빛의 반사나 분절색 효과 등을 실험하였다.

색채 이론과 새로운 안료의 발전은 회화 실습에 커다란 영향을 미쳤으며, 더욱 자유롭고 직접적인 기법들이 전통적인 회화 기법을 앞서기 시작하였다. 초기 인상주의의 대표적 인물 중 모네(Claude Monet, 1840~1926), 피사로(Camille Pissarro, 1830~1903) 같은 작가들은 붓 작업 자체를 그림의 주요 요소로 삼아 난해하고 복잡한 구성을 선보였다. 글레이즈 작업이 배제되고 그 대신 강한 색채로 표현하는 임파스토 기법이 작업의 현장성과 새로운 생명감을 불러일으켰고, 그 결과 회화 기법을 다양하게 발전시켰다. 또 다른 선구자로는 고흐(Vincent van Gogh, 1853~1890), 고갱(Paul Gauguin, 1848~1903), 브라크(Georges Braque, 1882~1963), 피카소(Pablo Picasso, 1881~1973) 등과 독일의 인상주의 화가인 놀데(Emil Nolde, 1867~1956), 마르크(Franz Marc, 1880~1916)와 베크먼(Max Beckman, 1884~1950) 등이 있다.

19세기 대형 유화작업으로 유명한 윌리엄 터너는 감각적인 움직임과 리듬으로 화면을 가득 채웠다. 이는 표면적으로 구상적이면서도 형상을 뛰어넘은 추상화로서 수세기를 내려온다. 이 그림은 1842년에 제작된 〈눈보라: 항구의 증기선〉이다.

20세기 그 이후

이 시기에 독특한 기법을 구사하는 극사실주의 화가 살바도로 달리(Salvador Dali, 1904~1989)에 의해 전통적인 회화 기법이 부활했다. 이는 충분히 예견 가능한 것이었다. 다다이즘의 부조리와 새로운 정신분석 이론에 영향을 받은 그는 상징적인 형상과 함께 이러한 이론들을 혼합하여 기묘하고 에로틱한 무의식의 세계를 재해석해 내었다.

이 시대의 또 다른 거장인 피카소는 현대 회화의 정의를 다시 내리며 사물의 동시성과 다양한 관점들을 제시하였다. 큐비즘으로 알려진 이 사조는 여전히 전통 회화의 기법을 사용하였는데, 그의 초기 작품인 〈장미기〉를 통해 이를 잘 보여 주고 있다. 그의 작품에 힘차고 역동적인 면이 늘어남에도 불구하고 그가 유화를 다루는 기법은 오랫동안 거의 변화가 없음을 볼 수 있다. 동시 다발적으로 다수의 회화 스타일이 공존하자 많은 화가들은 그림을 그리는 데 정해진 기법이 따로 없음을 믿게 되었다.

20세기에는 전 세계에 걸쳐 광범위하고 다양한 회화의 기법이 나타나게 되었다. 추상화는 미국에서 발생한 '액션 페인팅'을 통해 새로운 정의를 얻게 되는데, 잭슨 폴록(Jackson Pollock, 1912~1956)이 그 선두주자였다. 그는 물감을 캔버스에 뿌리듯 무계획적인 결과를 얻어 냈으며, 그런 가운데 물감의 조절이 가능하였다.

1950~1960년대 전 세계적으로 일어난 팝 문화에 대한 흥미는 존스(Jasper Johns, b.1930), 블레이크(Peter Blake, b.1932), 리히텐슈타인(Roy Lichtenstein, 1923~1997), 호크니(David Hockney, b.1937) 같은 젊은 작가들을 배출해 내었다. 그들은 유화 물감을 평평한 그래픽과 같은 효과를 내는 데 사용하였다가 사용이 더욱 용이한 플라스틱 재질의 아크릴 물감으로 곧 전환하였다.

이와는 반대로 유럽은 구상 회화로 회귀하기 시작했다. 프랑스 화가인 발터스(Balthus, 1908~2001)는 지정된 색을 이용한 레이어를 가지고 인간의 신비로움을 표현해 내었다. 유화 물감을 두껍게 표면에 발라 생동감 있는 붓 자국을 만들어 낸 화가들로는 코소프(Leon Kossoff, b.1926), 아워바흐(Frank Auerbach, b.1931), 프로이드(Lucian Freud, b.1922) 등이 있다.

런던 스쿨의 멤버이기도 한 이들은 물감 표현의 자유로움을 발견해 내고, 이것을 작업에 이용한 화가들이다. 그 가운데 호지킨(Howard Hodgkin, b.1932)은 강렬한 유화 물감으로 감각적인 소용돌이 무늬를 만들어 기억을 재현해 내는 작업을 주로 하였다.

기술이 나날이 발전하여 물감의 대용품들이 많이 생산되고 있기는 하지만, 유화는 여전히 보편적이고 존중받는 미술 재료이다. 그 어떤 미술 재료도 유화가 가진 강렬한 색채와 재료의 보존성을 따라잡을 수는 없어 보인다.

디에고 리베라(Diego Rivera)는 새로운 재료인 아크릴 물감을 이용하여 상반된 느낌의 프레스코 효과를 보여 주는 작업을 하였다. 〈땅의 열매 (세부)〉라는 1932년의 작품을 통해 보듯이 이미지 제작에 있어 새로운 시대를 열었다.

아크릴화의 역사

플라스틱의 혁명

아크릴 수지의 원료는 20세기 초에 독일에서 시작되었으나 안료를 위한 바인더로서의 발전은 1920년대 초에 미국에서 완성되었다고 볼 수 있다. 이는 합성수지가 자연적인 솔벤트와도 융화가 가능하다는 것이 밝혀지면서부터이다. 건축가들은 오랫동안 건물 외벽의 고온의 조건에도 견딜 수 있는 착색제를 연구해 왔다. 자동차 제조회사들도 강하게 견딜 수 있는 차체 표면의 코팅 처리를 필요로 하고 있었다. 그러나 이것은 1940년대 벽을 칠하는 페인트가 시판되면서 여러 환경 조건에 견딜 수 있는 상업적 페인트로 자리잡게 되었다. 이 플라스틱 혁명의 선두주자들로는 멕시코 출신의 시쿠에이로스(David Alfaro Siqueiros, 1896~1974), 리베라(Diego Rivera, 1886~1957), 오로츠코(Jose Clemente Orozco, 1883~1949) 등이 있는데, 이들은 밝으면서도 영구적인 프레스코 스타일로 작업을 하였다.

유화의 대용품

아크릴 물감을 처음 사용한 화가들은 이를 400년의 역사를 가진 유화의 밑칠과 글레이즈 기법에 이용하려 하였다. 그러나 아크릴은 유동적으로 사용할 수 있어 템페라와 구아슈, 수채화뿐만 아니라, 유화와도 대치되는 장점에 있었다. 이에 따라 새로운 회화 기법들이 속속 등장하기 시작하였다. 뉴욕 출신인 헬렌 프랑켄탈러(Helen Frankenthaler, b.1928)는 아크릴 물감을 희석시켜 밑작업을 하지 않은 캔버스에 스며들게 하면서 섬세하고 추상적인 흔적을 창조해 내었다. 이와 비슷한 방법이지만 매우 다른 결과를 보여 주는 루이스(Morris Louis, 1912~1956)는 폴록의 뿌리기 기법과 프랑켄탈러의 얼룩지기 기법을 혼합하여 매우 개성 있는 혼합물을 만들어 내었다.

역시 밑작업이 되지 않은 캔버스 위에 순수하고 묽은 물감을 부어서 선을 만들어 반투명의 띠 형상의 회화 작업을 하였다. 이러한 경향과는 반대로 로드코(Mark Rothko, 1903~70)와 마더웰(Robert Motherwell, 1915~91)은 묽으면서도 밀도 높은 아크릴 물감으로 강렬한 레이어를 만들어 관조적이며 정적인 감성을 표현해 내었다.

1950년대 후반에 이르기까지 아크릴은 솔벤트에 혼합되어 있었으나 오늘날 사용되는 이멀전이 혼합된 아크릴로 발전하면서 더욱 보편적으로 사용되었으며, 이로써 현대 화가들이 가장 많이 사용하는 재료로 자리매김하였다.

팝 아트

외향적이고 일회적인 소비주의 미학은 팝 아트를 형성해 내었다. 이에 대해 아크릴은 최적의 매체가 되어 날카로운 외곽선과 평평한 그래픽적인 색과 매끈한 플라스틱의 표면을 만들어 내었다. 워홀(Andy Warhol, 1928~87)은 대중적인 이미지와 아이콘을 작업으로 승화시켰고, 리히텐슈타인(Roy Lichtenstein, b.1923)은 코믹 북의 주인공들을 매우 큰 스케일로 확대하였고, 아크릴로 평평하게 면을 처리하여 재해석하는 작업을 하였다.

영국에서는 1960년대까지 아크릴을 사용하지 않았다. 아크릴이 유입되면서 로열 컬리지의 호크니(David Hockney, b.1937)는 이를 조심스럽게 실험, 연구하면서 수영장의 물결치는 모습을 평평하고 밝은 색과 질감의 대비를 통해 재해석하여 회화의 새로운 언어를 창조해 내었다. 라일리(Bridget Riley, b.1931)는 아크릴을 이용하여 옵 아트로 알려진 시각적인 착각을 일으키는 이미지를 창출해 내었다. 아크릴은 일관적인 톤을 유지하면서 고동치는 띠 무늬의 패턴을 만들어 내는데, 이상적이며 건조 시간이 매우 짧아 특히 세밀한 묘사가 요구되는 작업에서 물감이 번지는 것을 방지하는 데 큰 역할을 한다.

포토 리얼리즘

1970년과 80년대까지 회화는 사실상 큰 원을 돌아 일주를 한 셈이 되었다. 2차원의 캔버스 위에 3차원의 사실주의적 회화를 만들어 내는 전통적인 노력에서부터 물감을 통한 추상적인 표현으로 작가의 내면 세계를 실제로 드러내는 관용의 시대를 거쳐 회화 기법을 중시하는 시기까지를 말하는 것이다. 사진에서 보는 사실주의를 본따 클로스(Chuck Close, b.1940)는 매우 큰 스케일로 초상화를 재해석하는 작업에 성공하였다. 일러스트레이션의 영역에서, 특히 미국과 일본에서는 포토 리얼리즘이 작업의 목표가 됨과 동시에 큰 환영을 받게 되었다.

뉴리얼리즘

20세기 말에 이르러 구상화가 다시 유행하면서 화가들은 포스트모던 사회의 삶에 대한 감정과 생각, 자세를 그들의 작업에 반영하기 시작하였다.

레고(Paula Rego, b.1935)는 순수한 전통적 이야기의 주제에다 심리학적 드라마와 관계의 긴장감을 담아 내는 작업을 하였다. 레고는 아크릴을 이용한 강하고 날카로운 외곽선의 형상들로 정적인 불안감을 표현하였다.

아크릴 물감은 오랜 시간에 걸쳐 그 질이 많이 향상되었다. 지연제와 다른 혼합물과의 사용이 가능해지면서 건조 시간이 연장되자 이로 인해 작업의 유동성이 생기고 다른 미디엄을 첨가할 수 있게 되어 구성 요소를 적절히 변화시킬 수 있었다. 이는 미디엄의 발전과 함께 표현 기법의 발전도 가져왔다. 어떤 이들은 아크릴이 보편적으로 사용되던 유화를 대체할 수 있지 않을까 하는데, 그렇게 되지는 않을 것이다. 아크릴은 화가들의 스튜디오 내에서 아크릴만의 독특한 위치를 차지하고 있다. 그 누구도 이 플라스틱 그림이 보존 가능한 대용품이 될지 상상하기 어렵다. 그러나 오늘날과 같은 절충의 시대에 또 다른 요구로 인해 새로운 재료의 발전이 있으리라 기대는 할 수 있다.

도구와 재료들

Tools and Materials

붓과 페인팅 나이프

오늘날 화방에서는 상당히 다양한 종류의 붓이 판매되고 있다. 이것은 작업에 필요한 어떠한 형태의 붓 자국이라도 표현을 가능하게 하고 있다. 동시에 다양한 붓의 크기, 붓의 재료나 천차만별의 가격대로 인해 개인에게 가장 알맞은 것을 고르는 것이 어렵게 되었다. 자신에게 알맞은 붓을 선택하는 일은 그림의 종류와 작업 과정에 큰 영향을 미치므로 매우 중요하다. 그러므로 첫눈에 보기 좋은 도구를 택하기보다는 실제적인 작업에 어떤 붓이 필요한지 고려하여 구입하는 것이 중요하다. 또한 최종적인 결정을 내리기 전 여러 종류의 붓을 직접 시험해 본 후, 그 중 가장 적당한 붓을 선택하는 것도 좋은 방법이다. 붓에 대한 경험이 쌓여 갈수록 붓을 선택하는 일이 덜 까다로워질 것이며, 점차적으로 붓의 개수와 종류도 늘어가게 될 것이다.

유화나 아크릴용 붓은 수채화 붓과는 달리 손잡이가 길다. 이는 이젤로부터 거리를 두고 작업할 수 있게 한다. 유화나 아크릴화 작업을 할 때 더 넓게 붓 자국을 만들기 위해 어깨나 팔꿈치의 움직임이 커지게 되는데, 이때 붓의 긴 손잡이가 이러한 작업을 용이하게 해준다.

이와는 반대로 만일 당신이 미니어처를 그린다면 짧은 손잡이의 붓이 더 유용할 것이다. 수채화에 쓰이는 부드러운 붓(담비털이나 인조 털붓)도 유화나 아크릴화에 쓸 수 있지만, 이런 붓으로 아크릴화를 그릴 때는 작업을 마치자마자 더운 비눗물에 즉시 씻어 주지 않으면 붓이 굳어 버리게 된다. 또한 아크릴 물감은 다른 매체보다 붓을 더 빨리 닳게 하므로 아크릴화 작업에는 인조 털붓이 가장 적합하다. 유화와 아크릴화에 쓰이는 붓의 세 가지 주요 재료로는 돼지털, 머리털, 그리고 앞의 두 재료의 특성을 모두

가진 인조털이다. 돼지털은 가장 수명이 짧으나 물감을 듬뿍 묻힐 수 있도록 붓 끝이 벌어진다. 부드러운 질감을 가진 머리털은 거칠게 표현하는 레이어 작업이나 물감을 두껍게 표현하기에는 적당하지 않다. 인조털 붓은 아주 보편적이며 다른 두 종류의 붓에 비해 가격이 저렴하고 수명도 길다. 또 인조털 붓은 물감을 씻어 보관하기도 편리하다. 시중에는 대략 14종의 다른 크기의 붓이 있다. 그러나 규격화가 되어 있지 않아 제조회사에 따라 조금씩 차이가 있다. 각각의 붓에는 번호가 있다. 번호가 크면 붓의 크기도 커진다. 0번인 붓은 아주 작은 붓이고 이는 세밀한 부분을 묘사하는 데에만 사용하는 것이 좋다. 한편 번호가 12인 붓은 더 두껍고 크며 넓은 면적을 처리하거나 큰 붓 자국을 남기는 데 유용하다.

기름통(dipper) 이 작은 알루미늄 기름통은 클립이 달려 있어 팔레트에 부착될 수 있다. 여기에 기름이나 테레핀을 담아 작업에 사용할 수 있어 매우 유용하다.

TIP

당신이 살 수 있는 한도 내에서 가장 질이 좋은 붓과 도구들을 구입하는 것이 좋으나 현재 진행 중인 작업에 필요한 것 이상으로는 살 필요가 없다. 점차 작업과 기법에 숙달해 가며 붓과 재료들을 추가하는 것이 경제적이다.

나이프

페인팅 나이프 [7]은 계단식 손잡이와 유연한 날로 되어 있어 다루기가 쉽지 않은 도구이다. 색을 섞거나 펴 바를 때 사용된다. 나이프의 날은 여러 종류와 다양한 크기가 있어서 만들고자 하는 모양에 따라 나이프를 선택할 수 있다. 나이프는 모든 면을 사용하는데, 나이프의 끝은 정교한 점들을 찍어 내는 데 유용하고, 넓은 면으로는 두껍고 넓은 임파스토 기법이나 선 작업을 하기에 매우 좋다.

팔레트 나이프 [8]은 팔레트 위에서 색을 섞거나 필요 없는 물감을 팔레트에서 덜어내는 데 쓰인다. 팔레트 나이프의 날은 납작하고 잘 구부러지며 그 끝은 둥글게 되어 있다. 붓과 마찬가지로 나이프도 가정에서 쓰는 장식용 긁는 도구(scraper) 같은 것으로 대체할 수 있으며, 이는 넓고 회화적인 흔적을 만들어 낸다.

붓의 종류

둥근 붓 [1]은 물감을 가장 많이 묻힐 수 있고 끝을 가늘게 표현할 수도 있다. 이 붓은 묽은 물감을 얇게 펴 바르는 데 아주 적합하다. 밑칠을 할 때나 아주 세밀한 작업에도 적합이다.

납작 붓 [2]는 끝이 네모 지고, 길며, 탄력 있는 털로 되어 있어 적당한 양의 물감을 묻힐 수 있다. 이 붓으로 더 넓은 면적을 칠할 수도 있고 블랜딩 기법에도 이용할 수 있다.

부채꼴 모양의 평붓 [3]은 뚜렷한 색의 경계 부분과 톤을 섞는 데 유용하다.

브라이트(brights) [4]는 납작 붓이면서 짧고 뻣뻣한 털로 되어 있어 물감을 두껍게 바르거나 임파스토 기법으로 작업할 때 유용하다. 털이 짧기 때문에 세밀한 부분을 그릴 때 붓 조절이 쉽다.

휠버트(filberts) [5]는 납작 붓과 둥근 붓의 중간 형태이다. 이 붓은 끝이 둥그스름하게 마무리되어 있어 부드러운 경계를 표현할 때 유용하다.

리거(riggers) [6]은 털이 길고 끝이 뾰족하다. 이 붓은 섬세한 묘사와 길고 가는 선을 그리기에 좋다.

그 밖의 붓의 종류

가정용 장식 붓 이런 붓으로 그림 붓을 대체할 수 있다. 언제나 주위에 있는 도구들을 예술적으로 활용할 수 있다는 것에 유념하도록 하자.

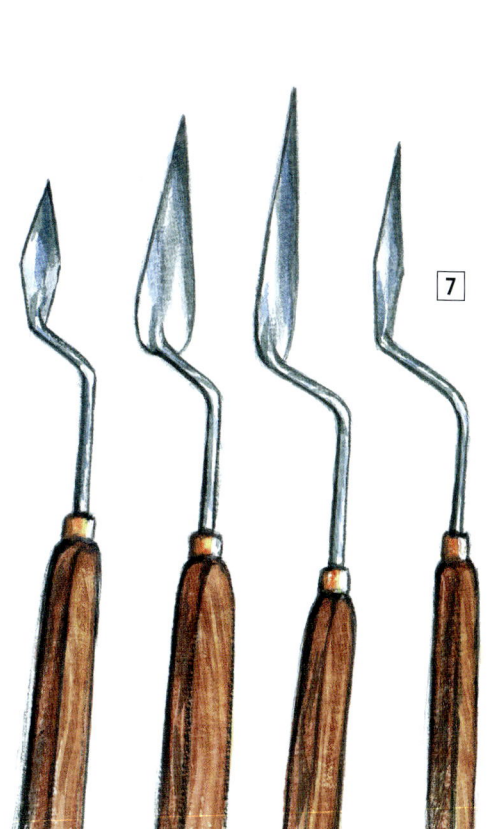

유화 물감

모든 재료 중 가장 전통적이고 영구적 보존성을 지닌 유화 물감은 그것을 다루는 많은
화가들을 매혹시키는 힘이 있다. 그러나 유화 물감을 다루는 데 있어 지켜야 할 특정한 조건
때문에 각각의 도구들에 대해 미리 알아둘 필요가 있다. 직접 마른 안료를 빻아서 린시드와
같은 천연기름에 섞어 유화 물감을 만들 수도 있다. 그러나 어떤 전문가들은 이렇게
만들어진 물감은 시중에서 판매되는 다양한 물감들보다 질이 좋지 못하다고 한다. 집에서
만든 물감이나 판매되는 물감이나 그 원재료는 같다. 빨간색, 갈색, 노란색 계열의 색은
자연에서 안료를 캐내어 이를 물감으로 제조한다. 코발트 블루나 비리디언같이 자연에서
얻을 수 없는 안료는 화학적으로 제조되며, 퍼플 메더 같은 자연색은 염료에서 직접 추출해
낸다.

TIP

어떤 색들은 영구적이지 않고 강한 빛에 색
이 바랠 수 있다. 제조회사들은 부호를 이용
해 제품의 영구성에 대한 유무를 명시하고
있다. 이는 제조사의 카탈로그에서 확인할
수 있다.

유화 물감은 보통 튜브에 담겨 학생용과 전문가용으로 구
분하여 판매된다. 학생용 물감은 색깔을 선택할 수 있는 폭
이 좁고, 물감을 조성하는 안료의 비율이 적은 것이 특징
이다. 초보자에게는 이런 물감이 저렴하여 작업하기에 적
당하지만 그 만족도는 기복이 심하다. 이보다는 전문가용
물감 중에서 기본색만을 우선 구입해 작업을 시작한 후 점
차적으로 나머지 색을 보충해 가는 것을 추천하고 싶다. 물

감의 가격은 안료의 질에 따라 천차만별이다. 전통적인 안
료는 고가이므로 최근에 생산되는 저렴한 대용품으로 작업
을 하는 것이 경제적이다.
최근에 새로 나온 제품 중 수용성 유화 물감이 있다. 이 물
감은 유화의 특성을 살리면서 동시에 테레핀이나 다른 기
름에 물감을 녹이거나 씻어 내는 번거로움을 덜 수 있게 제
조되었다.

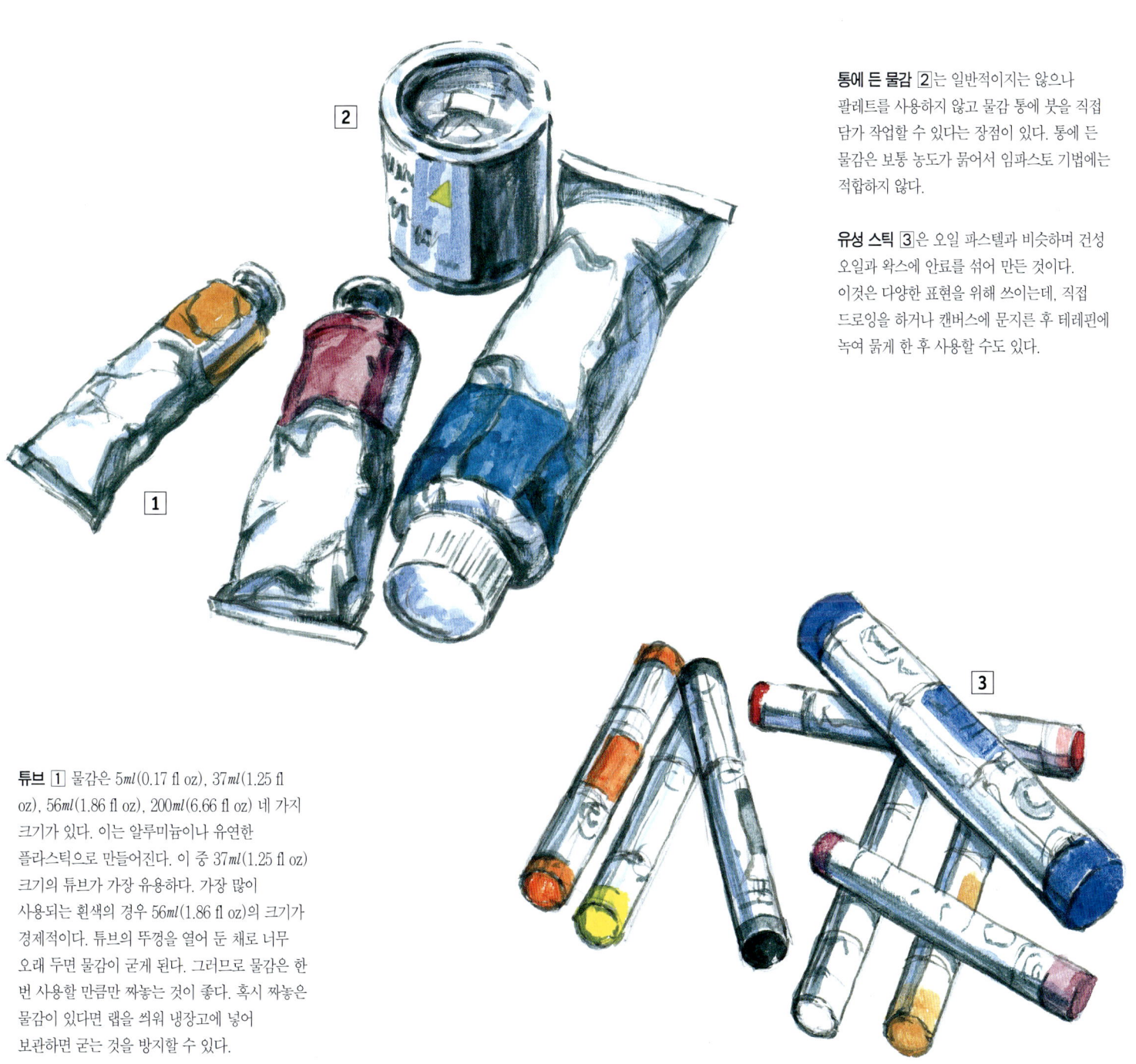

통에 든 물감 2는 일반적이지는 않으나 팔레트를 사용하지 않고 물감 통에 붓을 직접 담가 작업할 수 있다는 장점이 있다. 통에 든 물감은 보통 농도가 묽어서 임파스토 기법에는 적합하지 않다.

유성 스틱 3은 오일 파스텔과 비슷하며 건성 오일과 왁스에 안료를 섞어 만든 것이다. 이것은 다양한 표현을 위해 쓰이는데, 직접 드로잉을 하거나 캔버스에 문지른 후 테레핀에 녹여 묽게 한 후 사용할 수도 있다.

튜브 1 물감은 $5ml$(0.17 fl oz), $37ml$(1.25 fl oz), $56ml$(1.86 fl oz), $200ml$(6.66 fl oz) 네 가지 크기가 있다. 이는 알루미늄이나 유연한 플라스틱으로 만들어진다. 이 중 $37ml$(1.25 fl oz) 크기의 튜브가 가장 유용하다. 가장 많이 사용되는 흰색의 경우 $56ml$(1.86 fl oz)의 크기가 경제적이다. 튜브의 뚜껑을 열어 둔 채로 너무 오래 두면 물감이 굳게 된다. 그러므로 물감은 한 번 사용할 만큼만 짜놓는 것이 좋다. 혹시 짜놓은 물감이 있다면 랩을 씌워 냉장고에 넣어 보관하면 굳는 것을 방지할 수 있다.

아크릴 물감

아크릴 물감은 첨단 제조 기술의 발달로 계속 진화해 가고 있다. 아크릴 물감은 유화 물감의 장점도 지닌 합성수지이다. 이는 라텍스나 플라스틱 폴리머 같은 물질을 함유하고 있어 다루기 쉬우면서 선명하고 풍부한 색을 표현할 수 있다. 또한 점성 있는 텍스처로 불투명하게 사용할 수도 있다. 아크릴 물감에 물을 섞어 묽게 사용하면 투명한 효과를 낼 수 있다. 물감이 빨리 마르므로 힘차고 역동적인 접근이 요구된다.

아크릴 물감은 폴리머 이멀전에 안료를 섞어 만든 것이다. 폴리머는 탄성이 있는 화학 합성수지이다. 폴리머 입자들은 물에 부유하는 식으로 섞여 있어 물감을 유동적이게 한다. 일단 물감의 물기가 마르고 나면 이 미세 입자들은 탄성이 있고 단단한 비활성적인 막을 형성하는데, 이는 어떠한 표면에도 물감 작업을 가능하게 한다. 또한 한번 굳은 물감은 방수가 되어 미리 작업한 레이어를 보존하면서 그 위에 다른 층을 형성할 수 있게 한다. 아크릴 물감은 사용할 수 있는 영역이 매우 방대하며 유화의 장점을 수용하면서 이에 덧붙여 형광이나 금속 효과 연출도 가능하다. 아크릴 물감 역시 학생용과 전문가용이 있다. 가장 저렴한 아크릴 물감으로 폴리비니 아스테이트나 PVA 페인트가 있다. PVA는 '흰 풀'로 알려져 점성을 매개로 한 작업에 널리 사용되고 있다. 이것을 묽게 하여 안료 가루를 섞으면 훌륭한 아크릴 물감의 대용품이 된다.

튜브 **1** 아크릴 물감은 유화 물감과 마찬가지로 5㎖(0.17 fl oz), 37㎖(1.25 fl oz), 56㎖(1.86 fl oz), 200㎖(6.66 fl oz) 등의 다양한 크기로 알루미늄이나 고무 튜브에 담겨 판매된다. 37㎖(1.25 fl oz)짜리 튜브가 가장 보편적이고, 흰색의 경우 56㎖(1.86 fl oz) 크기가 유용하게 쓰인다. 튜브의 뚜껑이 열리면 물감이 빨리 굳어 결국 물감 전체를 못 쓰게 될 수 있다. 튜브에 든 아크릴 물감은 농도가 가장 진하므로 유화와 가장 근접한 텍스처를 낼 수 있다.

큰 작품을 하거나 경제적인 면을 고려할 때 **통에 든 물감** **2** 를 구입하는 것이 좋다. 그러나 자주 쓰는 색이 아닌 경우 필요한 양보다 너무 많은 양을 구입하지 않도록 한다. 통에 든 아크릴 물감은 튜브보다 더 부드럽고 물기가 많다.

짤 수 있는 통에 든 물감 **3** 은 물감을 직접 캔버스에 짜거나 팔레트에 덜 때 편리하도록 작은 뚜껑이 부착되어 있다.

액상 아크릴 물감은 스포이트가 달린 작은 병에 담겨 있다. 이 물감은 액상이며 색의 농도가 매우 진하다. 이는 수채 물감 같이 투명하게 덧칠을 하기에 매우 좋다.

TIP

아크릴 물감 작업이 끝난 직후에는 바로 붓
을 따뜻한 물에 담근 후 비누로 씻어 내야
한다. 붓에 묻은 물감이 완전히 씻겨지지 않
으면 물감에 함유된 플라스틱 재질이 털을
굳게 할 수 있다.

그 밖의 재료들

유화와 아크릴화 모두 갓 칠했거나 건조된 드로잉의 페인팅 매체들과 잘 어울린다. 종종 한 두 종류의 다른 재료들과 혼합했을 때 작품에 활기를 줄 수 있다. 또 어떤 세밀한 부분을 돋보이게 하거나 질감의 차이를 확연히 보일 수 있게도 한다. 어떤 초보 작가들은 혼합 재료의 예측할 수 없는 결과에 당황해 한다. 하지만 이와 같은 새로운 기법에 접근해 봄으로써 오히려 작업에 자신감을 쌓아 갈 수 있게 된다.

T I P

선택한 매체들이 서로 잘 융화되는지 작업을 시작하기 전 여분의 캔버스 위에 시험을 해보는 것이 좋다.

유화와 아크릴화에 쓰이는 매체들

연필 1 은 가장 기본적인 도구이다. 연필은 기본 드로잉과 종이나 캔버스 위에 스케치 구상을 하는 데 탁월하다. H와 B 모든 단계의 연필은 다양한 톤을 구사할 수 있으며 선명한 아크릴 물감과 잘 어울린다. 특히 물감을 얇게 칠해 투명하게 표현할 때 그 효과는 더욱 강조된다. 그러나 연필은 임파스토 기법으로 칠해진 유화나 아크릴 물감과는 잘 섞이지 않는 성질이 있다. 수용성 연필은 대부분의 색깔과 잘 어울리며 직접 물을 묻혀 사용하는지 물을 묻힌 붓으로 효과를 낼 수 있다.

목탄 2 는 부드럽게 문지르거나 대담하게 표현할 때 유용하다. 버드나무를 태워 만든 목탄은 유화나 아크릴화 중 어떠한 그림에도 그 시작 단계의 스케치에 매우 유용하게 사용된다. 종이나 캔버스에 그릴 때 실수로 그려진 목탄은 쉽게 지워져 그 위에 새로운 작업을 하기에 편리하다. 목탄을 연필과 같은 모양으로 만든 것이 있는데, 이는 그 굵기와 강약을 조절하기가 용이하므로 가는 선묘에 사용된다. 목탄은 표현의 폭이 넓은 매체로 검정으로부터 은빛 회색에 이르기까지 다양한 톤의 표현이 가능하다.

아크릴 물감 위에 그려진 오일 **파스텔** 3 은 그림의 표면에 기름지고 거친 텍스처를 표현하는 데 적당하다. 묽은 아크릴 물감이 오일 파스텔 위에 그려지면 오일 파스텔의 기름 성분 때문에 물감이 그 위에 묻지 않는 경우가 생긴다. 오일 파스텔을 유화 물감과 같이 작업하면 재료가 서로 보완되어 더욱 섬세한 묘사를 할 수 있다.

아크릴화에만 사용되는 매체들

어떤 매체들은 오일 물감과 섞이지 않는다. 이것들은 수용성이거나 바인더가 적게 들어가 분말 형태를 띠고 있기 때문이다.

잉크 4는 인디언 잉크처럼 방수가 되는 것과 만년필 잉크같이 수용성이 있고 다양한 색감 표현이 가능하다. 수용성 잉크로 작업한 뒤 다른 물감을 칠했을 때 먼저 작업한 잉크가 두드러지지 않는다. 아크릴 물감이 칠해진 면 위에 펜촉이나 붓을 이용하여 잉크 선을 그릴 수 있다. 방수가 되는 잉크는 '셸락(shellac)'이라고 불리는 점성이 있는 배니쉬가 들어 있다. 이것은 단단하면서 반짝이는 광택을 만들어 낸다. 셸락이 들어간 잉크를 사용한

펜촉이나 붓은 쉽게 굳으므로 사용한 직후 미지근한 비눗물에 잘 씻어서 보관한다. 수용성 잉크는 엷게 칠해진 아크릴 물감 위에 잘 발라지고 마른 후에도 묻어나지 않는다. 이것은 두껍게 칠해져 방수된 아크릴 물감의 표면에서는 제한된 효과만 낼 수 있다.

파스텔 5는 안료 가루에 점성 고무나 수지를 섞어 살짝 굳힌 것으로 단단한 것과 무른 것 두 가지 종류가 있다. 두

종류 모두 부서지기 쉬우며 종이나 캔버스 위에 사용하면 매끈하면서도 모래와 같은 질감을 표현할 수 있다. 이러한 질감은 아크릴 물감으로 광택이 생긴 평평한 표면에 생동감과 깊이를 더한다. 분절색 기법은 결이 살아 있는 캔버스 천이나 거친 종이 위에 사용된다.
단단한 파스텔은 아마사(亞麻絲)로 된 직물이나 단색 표현에 특히 좋다. 두 종류의 파스텔 모두 작업을 완성한 후 스프레이를 뿌려 색을 고정시킨다.

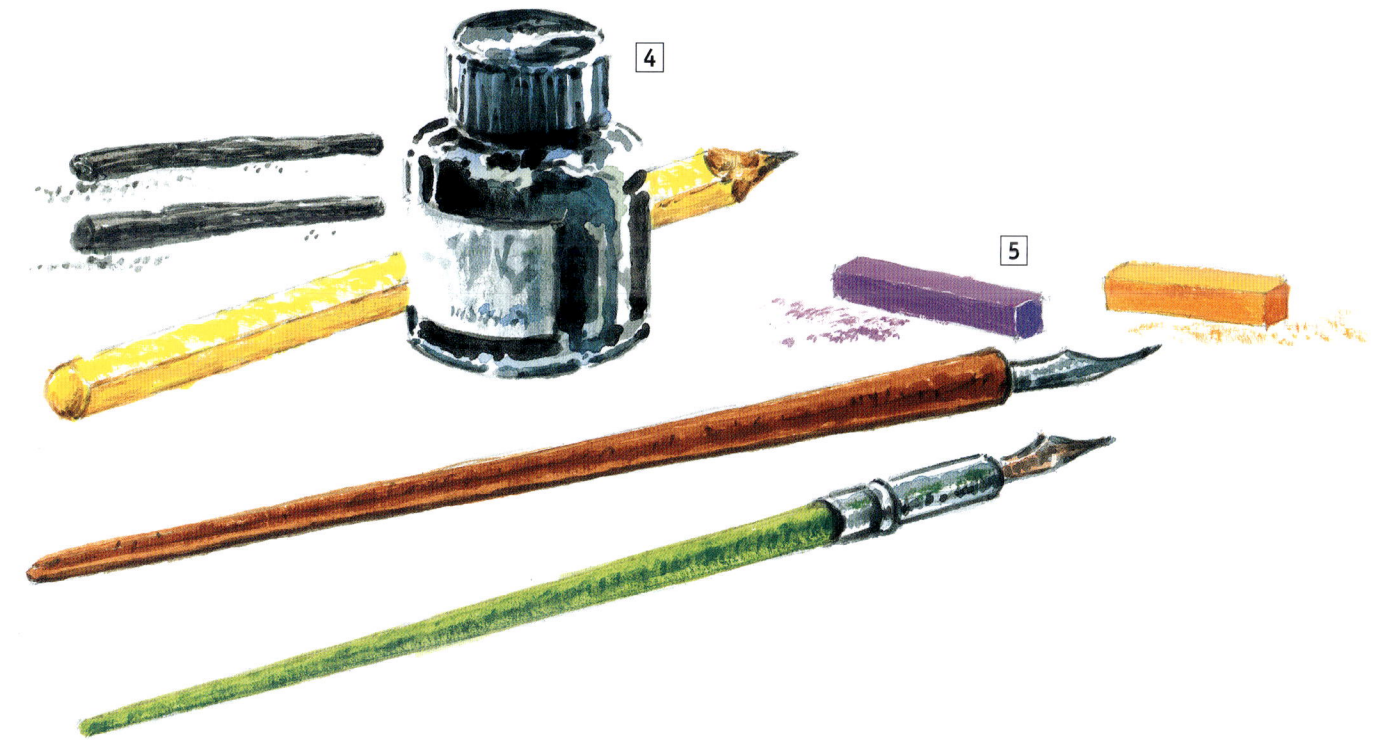

페인팅 미디엄

유화나 아크릴 물감 모두 튜브에서 바로 짜서 사용할 수 있으나 대개는 미디엄이나 희석제, 혹은 두 가지를 다 섞어 사용한다. 미디엄은 물감의 일관성, 마르는 속도의 조절, 그리고 전체적으로 그림의 질을 높여 마무리하기 위해 사용된다. 어떤 미디엄이 본인과 잘 맞는지 여러 종류를 시도해 보자.

팻 오버 린(fat-over-lean) 페인팅

유화의 밑칠을 할 때는 오일을 섞지 않고 테레핀만 섞은 묽은 물감을 이용하고, 그림을 그려 가면서 점차 오일을 더 섞어 풍부하게 표현한다. 오일과 테레핀의 혼합 비율은 6대 4 정도가 적당하다. 이것을 얇은 층 위에 두껍게 겹칠하는 '팻 오버 린 (fat-over-lean)' 기법이라고 하는데, 이것은 물감이 굳으면서 갈라지는 것을 방지하는 전통적인 방법이다. 오일이 많이 섞인 물감은 천천히 마르면서 수축하는 성질이 있는데, 만약 오일이 적게 들어간 물감이 오일이 많이 섞인 레이어 위에 칠해진 경우, 밑의 레이어가 마르면서 완전히 수축되기 전에 위의 물감이 먼저 마르게 되므로 물감이 갈라지거나 떨어져 나오게 된다.

오일 희석제

희석제, 혹은 붓을 씻는 용도로 사용되는 액체들은 유화 물감을 묽게 녹여 준다. 이것 자체로만 쓰이기도 하고 린시드와 같은 오일과 섞어 사용되기도 한다.
테레핀 ①은 가장 흔히 쓰이는 희석제이다. 대부분 정제된 테레핀은 그림을 그리는 주재료이다. 보통 가정용 테레핀은 물감색을 노랗게 만들거나 물감을 끈끈하게 하므로 작업하는 데는 적합하지 않다. 그러나 붓을 적시거나 씻을 때는 사용할 수 있다.

알코올 ②는 페트로리움이라는 성질을 가지고 있어 금방 증발된다. 희석제로서 알코올은 테레핀보다 독성이 덜하고 수명이 길며 냄새가 적게 나는 특성이 있다.

유화에 사용되는 미디엄

매우 다양한 종류의 미디엄들이 시중에 판매되고 있다. 그러나 처음 유화를 시작하는 단계에서는 테레핀 한 병과 린시드 오일 한 병이면 충분하다.

린시드 오일 (linseed oil) ③은 유화 물감을 일정한 두께로 유지하며 안료의 접착력을 좋게 한다. 언뜻 보기에 린시드 오일은 쉽게 마르는 것 같으나 완전히 마르려면 수년이 걸리며 그 시간 동안 물감 색깔은 더욱 투명하게 표현된다.

파피 오일 (poppy oil) ④를 이용하면 몇몇 안료들의 마르는 시간을 지연시킬 수 있다. 이것은 투명하고 색이 없는 오일이어서 흰색 물감이나 다른 밝은 색 물감과 섞어 사용할 때 노랗게 변색되는 것을 방지한다. 파피 오일은 마르는 시간이 길므로 밑칠을 하는 데는 사용하지 않는 것이 좋다.

알카이드 (alkyd) ⑤는 합성수지로 물감의 마르는 시간을 단축시키고 물감을 자유자재로 사용할 수 있게 해준다. 이런 장점은 물감을 두껍게 칠하는 임파스토 작업을 쉽게 한다. 알카이드를 묽게 사용하려면 테레핀이나 알코올을 섞으면 된다.

얇게 칠해진 글레이즈에 광택을 더하고 싶을 때 **글레이즈 미디엄 (glaze medium) ⑥**을 사용한다. 이것은 린시드 중에서도 '스탠드 오일' 이라고 불리는 것으로 얇게 덧칠을 하더라도 완전히 건조되는 데는 5일 정도 소요된다.

비즈왁스 미디엄 (beeswax medium)은 물감을 더욱 두껍고 부피감 있게 하는데, 자연적으로 생산되어 정제된 비즈왁스만 사용하도록 한다. 약한 불 위에 캔을 올려 비즈왁스 100g 을 넣고 녹인 후 테레핀 85ml를 섞는다. 이 혼합물을 뚜껑이 있는 용기에 식혀 보관한다.

SAFETY TIP

솔벤트가 함유된 알코올과 테레핀과 같은 재료를 사용할 때는 자주 환기를 시켜야 한다. 또 이러한 재료가 피부에 닿지 않도록 해야 한다.

아크릴화에 사용되는 미디엄

아크릴 물감은 간단히 물만 섞어 사용하면 되지만 다양한 미디엄을 이용해 보면 물감의 흐르는 정도나 마르는 시간 등을 조절할 수 있다. 미디엄은 우유 빛을 띠고 있으나 마르면 투명해진다.

글로스 미디엄(gloss medium)은 물감의 흐르는 정도를 조절해 주고 색의 깊이와 밝기를 더해 준다. 이 미디엄은 광택이 있어 물감의 투명도를 높이고 얇은 글레이즈 기법을 가능하게 하며 마른 후 그림 표면을 부드럽게 해준다.

매트 미디엄(matt medium)은 글로스 미디엄과 비슷하지만 왁스 이멀전이 섞여 있다. 이것은 마른 후 표면의 광택을 죽여 반짝거리지 않게 한다. 매트 미디엄과 글로스 미디엄을 섞어서 다양하게 실험해 보자.

텍스처 페이스트(texture paste) 미디엄은 젤 미디엄보다 더 두껍게 표현되므로 물감을 캔버스 위에 나이프로 바를 수 있다. 이것은 부조 그림에 효과적인데 무엇을 새기거나 모양을 만들어 내는 작업에 사용할 수 있다. 텍스처 페이스트는 모든 아크릴 물감과 혼합이 가능하며 모래나 자갈, 톱밥과 같은 다양한 재료와 섞어도 재미있는 효과를 볼 수 있다. 또한 이 미디엄을 사용하여 다양한 오브제를 이용한 콜라주를 할 수 있다.

젤 미디엄(gel medium)은 반죽 타입으로 아크릴 물감을 두껍게 하고 임파스토나 나이프 작업에 최적의 미디엄이다. 또한 물감의 점성을 높여 주므로 콜라주 작업에도 이상적이다.

지연제(retarding medium)는 아크릴 물감의 건조 시간을 지연시킨다. 이는 물감 작업에 시간을 더 가질 수 있어 유화와 비슷한 효과를 볼 수 있다. 적절한 작업 효과를 위해서 지연제는 조금만 사용하는 것이 좋다. 자연색 물감과 지연제의 비율은 6 대 1, 나머지 색 물감과 지연제의 비율은 3 대 1 정도가 적당하다.

플로우 임프루버(flow improver)는 아크릴 물감의 색의 질을 떨어뜨리지 않으면서 묽게 만드는 역할을 한다. 이 미디엄은 넓은 면을 색칠할 때 물감을 묽게 할 수 있어 넓은 레이어를 만들거나 워시 기법에 유용하다.

아크릴 배니쉬(acrylic varnish)는 광택이 있는 표면이나 없는 표면 모두에 마무리 작업을 할 때 효과적인 미디엄이다. 다른 미디엄들과는 달리 배니쉬는 미지근한 비눗물이나 알코올로 제거할 수 있다.

종이와 그 밖의 서포트

서포트(작업을 하려고 준비한 캔버스나 종이 혹은 다른 재료)의 표면 상태에 따라 독특한 질감이 표현되고, 그 결과에 따라 미디엄을 선택하는 방법과 그리는 방법이 달라질 수 있다. 수많은 종류의 종이, 판넬, 그리고 캔버스와 같은 서포트 중 본인에게 가장 적당한 것을 고르도록 하는데 각각의 재료에 대한 올바른 지식을 가질 필요가 있다.

유화와 아크릴화의 재료들

유화 물감과 아크릴 물감 모두에 작업 가능한 서포트를 준비하는 것은 매우 중요한 과정 중 하나이다(26p. 참조). 만약 서포트가 유지거나 왁스가 묻어 있는 것, 혹은 기름기 없는 표면이나 플라스틱 수지로 된 재료 등 그 모든 서포트의 표면에 아크릴 물감은 접착된다. 1950년대 아크릴은 건물 외벽을 칠하는 목적으로 발전되었다.

유화 물감은 채도가 좋고 깊은 색감을 지니고 있으나 다른 미디엄과 쉽게 섞이지 않는다. 특히 아크릴 물감과 비교하여 그 생명력이 오래 가지 못하고 유용성이 떨어지는 단점이 있다. 그러나 서포트의 밑작업을 완벽히 준비한다면 이런 문제점들은 극복할 수 있다. 우선 오일 바인더를 서포트의 표면에 한층 얇게 바르면 서포트에 물감이 잘못 스며드는 것을 방지할 수 있다. 바인더를 바르지 않으면 안료가 서포트의 표면에 제대로 부착되지 않아 물감이 갈라지거나 날아가 버리는 경우가 발생된다.

종이

대부분의 종이는 작거나 중간 크기가 작업에 주로 쓰인다. 그러나 이때 종이는 붓의 움직임을 지탱하면서 쭈그러지지 않을 만큼 무게가 있는 것을 사용해야 한다. 종이를 스트레치하면 이를 방지할 수 있다.

스트레치를 하면 **카트리지 종이**는 거의 모든 작업에 사용이 가능하다. 이것은 아주 고운 입자로 되어 있어 그 표면이 매끄러우며 다양한 색의 표현이 가능하다. 이 종이는 흡수성이 좋고, 물감이 퍼지는 것 등을 방지한다.

수채화 종이 1은 초보자나 전문가 모두에게 적당한 재료이다. 고온 압착된 종이는 그 표면이 매우 부드러워서 섬세한 작업에 적당하며 붓 작업 때 미끄러지는 느낌을 주는 반면, 저온 압착된 수채화 종이는 전체적으로 그 질이 높다. 수공예로 만든 고가의 재료는 권장하고 싶지 않다. 이는 비싼 서포트가 아크릴화의 기법을 좋게 하는 것이 아니기 때문이다.

1
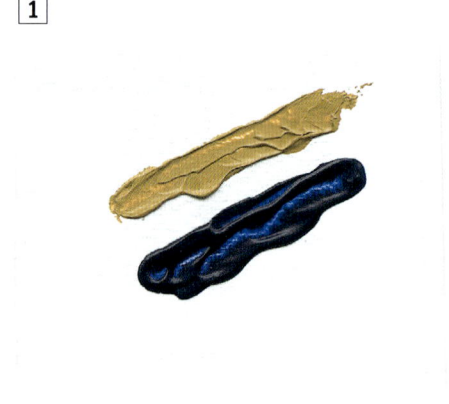

2

3

값싼 **수공예 종이나 인디언 종이**, '카디(khadi)' 같은 것은 면 섬유를 다량 함유하고 있다. 때로는 꽃잎이나 풀을 사용하여 가공하기도 한다. 그 크기는 규격화 되지 않아 다양하며 이런 종이로 작업을 할 때는 이멀젼 글레이즈나 PVA 미디엄을 이용해 미리 여러 겹의 밑작업을 하면 좋다.

아크릴 종이 2는 특별히 종이의 전체 표면이 굵은 입자로 되어 있다. 이미 아크릴화를 위한 밑작업이 되어 판매되기 때문에 단시간에 하는 스케치나 야외 작업에 유용하다.

캔버스

캔버스를 스트레치하면 그 표면이 팽팽해지고 탄력이 생겨 작업을 흥미롭게 할 수 있다. 시중에는 유화와 아크릴화 모두를 위해 미리 밑작업이 된 캔버스를 판매하는데, 이 중 유화용 캔버스는 아크릴화에는 알맞지 않으므로 반드시 확인해야 한다. 밑작업이 한 번 된 것과 두 번 된 것이 있는데, 한 번 된 것은 저렴하고 성글지만 유연성이 좋다.

린넨의 대용품으로 저렴한 **덕 코튼(duck cotton)** 3을 사용하는데, 이는 질이 좋은 대신 스트레치가 쉽지 않은 특성이 있다. 이 천은 중간중간에 매듭이 있으며 시간이 지나면 늘어지는 단점이 있다. 다양한 무게의 천이 있으며 아마추어들에게 적당한 재료이다.

미술가의 린넨(linen) 4는 그 결이 곱고 균일하며 스트레칭이 잘 되는 장점이 있다. 가격이 비싼 대신 질이 가장 좋은 천이다. 이것은 갈색 빛이 나는데 어떤 그림에서는 린넨을 사용하는 것이 필수이다.

헷시안(hessian)은 아주 결이 굵고 거친 황마 섬유이며 두꺼운 붓 작업에 유용하다. 매우 두꺼운 밑작업이 필요하다.

헷시안과 비슷하면서 그 결이 조금 가는 섬유인 **플렉스(flax)** 5는 그림의 표면과 질감을 실험하고자 하는 화가들에게 잘 어울린다. 이는 비교적 저렴하고 린넨과 같이 밝은 갈색 빛을 띤다.

1960년대에는 밑작업을 하지 않고 서포트 위에 그림을 직접 그리는 것이 **데이빗 호크니(David Hockney)**에 의해 널리 유행하였다. 그 당시에는 이것이 보편적인 방식은 아니었다. 아크릴화를 할 때라도 아크릴 수지 글레이즈나 PVA 미디엄을 이용해 밑칠을 하여 표면 섬유의 구멍들을 막아 물감이 흐르는 것을 방지할 것을 권장한다.

마르플래킹(marouflaging) 6은 캔버스를 보드에 붙여 놓은 것으로, 캔버스 위에 작업하는 기분을 느끼면서 동시에 단단한 표면으로는 그림을 지탱할 수 있다. 어떤 자연적인 천도 사용이 가능하며 이를 PVA나 오일, 특별히 고안된 '글루 사이즈(glue size)'라는 접착제로 보드 위에 부착하면 된다.

판넬

마분지, 단단한 나무, 베니어판, 나뭇조각, 혹은 MDF 모두 아크릴화에 적당한 재료이다. 이 재료들의 표면은 깨끗하게 건조되어 있어야 하고, 작업 전에 미리 밑칠을 해 두어야 한다(26p. 참고). 판넬의 표면에 밑칠을 하면 불투명한 흰색을 띤다.

4

5

6

캔버스 스트레치하기

미리 밑작업이 되어 있는 캔버스를 구하는 방법과 본인이 직접 만드는 방법이 있다. 직접 만든다면 캔버스 스트레치를 하기 위해 필요한 장비와 재료를 준비해야 한다. 납작한 나무 막대기로 프레임 모양을 만들고 그 위에 캔버스 천을 펴서 당긴다. 스트레치에 필요한 재료와 천을 구입하기 전 캔버스의 크기를 우선 정해야 하고, 천을 구입할 때는 만약의 경우에 대비해 필요한 양보다 조금 더 넉넉히 구입하도록 한다.

밑작업하기

앞서 설명한 캔버스와 그 대용품들은 모두 유화 작업에 사용이 가능하나, '사이즈(size)'로 불리는 특별한 접착제로 작업을 시작하기 전 캔버스 섬유의 구멍들을 메워야 한다. 스트레치와 사이즈 작업이 끝난 후 적어도 두 번 이상 캔버스에 프라이머를 칠해야 한다. 첫 번째 밑칠을 한 후 완전히 마를 때까지 기다려야 하며, 그 다음 단계로 고운 사포로 표면을 고르고 두 번째 밑칠을 해야 한다. 사이즈 작업과 프라이머 밑칠 작업은 물감을 칠하기에 적합한 표면을 준비하고, 캔버스 천과 유화 물감 사이에 완벽한 층을 형성하여 이후 캔버스가 썩는 것을 방지하는 작용도 한다. 만약 아크릴 프라이머가 캔버스에 이미 칠해져 있다면 사이즈 작업은 생략하여도 된다. 사이즈는 아무것도 바르지 않은 천 위에만 바르는 것이다. 아크릴 프라이머는 아크릴 물감을 칠하기에 가장 적합한 표면을 만들어 낸다(그러나 애니멀 접착 사이즈 위에는 사용하지 않는다).

토끼 가죽 사이즈

전통적으로 사이즈는 토끼 가죽으로 만들고 미립자 형태로 추출된다. 이것을 물에 담가 약한 불로 끓여 식히면 젤리 형태가 되는데 이것을 캔버스 천 위에 바르면 된다. 사이즈와 물의 비율이 매우 중요하므로 반드시 제조사의 지침를 따라 만들도록 한다. 많은 양의 사이즈를 미리 만들어 놓는 것도 좋은데, 이럴 경우 냉장고에서 일 주일 정도 보관하면 효율적이다. 이것을 가열할 때 좋지 않은 냄새가 나는데, 다른 사람들에게 피해를 주지 않도록 주거지로부터 멀리 떨어진 야외에서 작업할 것을 권장한다.

프라이머로 밑작업 하기

유화용 프라이머나 아크릴 프라이머를 칠할 때, 큰 브리슬(센털) 붓이나 큰 장식 붓, 혹은 롤러를 이용해 캔버스의 모서리에서부터 작업한다. 첫 번째 칠한 것이 완전히 마른 후 처음 붓 자국의 방향대로 두 번째도 칠을 해준다. 다섯 번까지 밑칠을 할 수 있으며, 이렇게 해서 매우 고르고 매끈한 표면을 만들 수 있다.

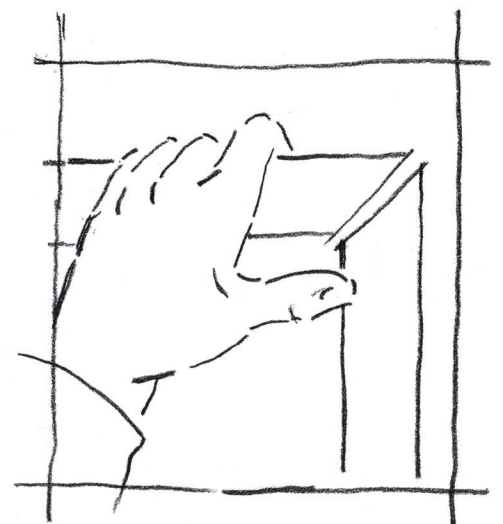

캔버스 틀을 잘 조립하여 끼운다. 각도가 잘 맞는지 확인한다.

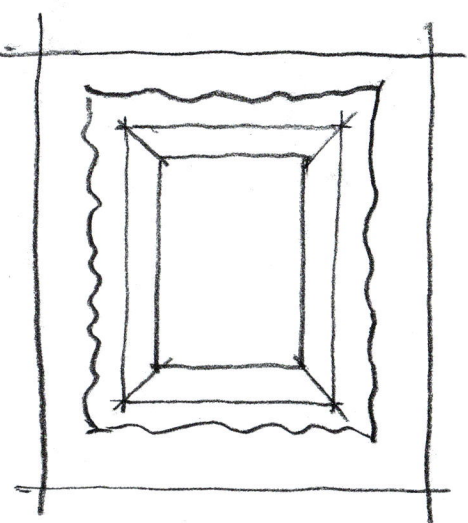

캔버스 틀에 맞게 천을 자른다. 사방으로 10cm씩 공간을 남겨 스테이플을 할 자리를 만든다. 캔버스 틀을 천 위에 올려 놓는다.

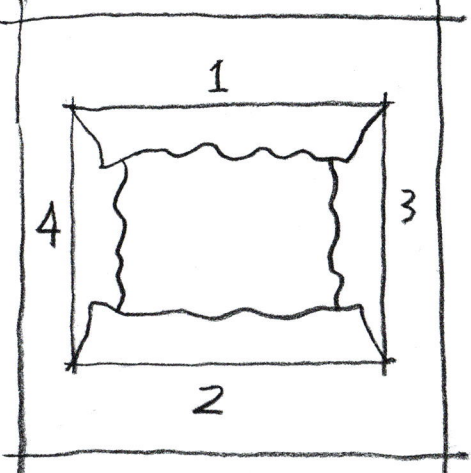

틀 한쪽 변의 중간에 스테이플을 박고 그 반대쪽 변으로 천을 당겨 잡은 후 그 중간에 스테이플을 박는다. 나머지 두 변도 이와 같이 반복한다. 그런 다음 한쪽 변의 중간으로부터 꼭지점 방향으로 나머지 스테이플을 박아 가며 다른 세 변도 반복한다. 천의 팽팽함이 네 변 모두 고르고 똑바른지 확인한다.

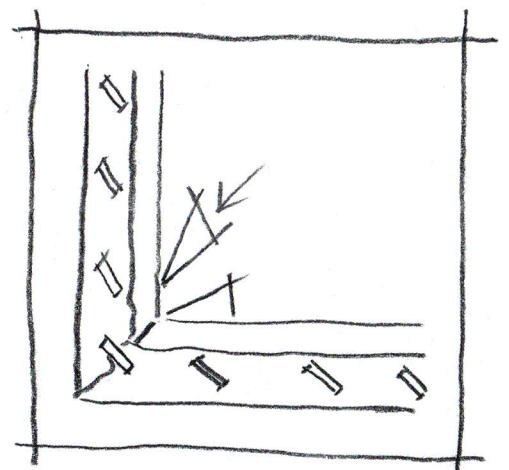

캔버스 앞면에 주름진 곳이 없는지 확인한다. 나뭇조각을 코너에 밀어 넣는데, 망치질은 하지 않는다. 다음은 사이즈와 프라임 작업을 한다. 프라이머가 마른 후 천의 굴곡에 따라 나뭇조각을 좀더 밀어 넣는다. 필요에 따라 여러 번 반복한다. 그러나 찢어질 위험이 있으므로 캔버스를 필요 이상 너무 팽팽하게 당기지 않아야 한다.

종이 스트레치하기

아크릴 물감을 물이나 다른 미디엄에 섞어 묽게 사용하면 전통적인 수채화와 매우 비슷한
효과를 얻게 된다. 만약 가벼운 카트리지 종이나 수채화 종이에 작업한다면 작업 전에
종이를 스트레치하여 주름지거나 구겨지는 것을 방지할 수 있다. 충분히 시간을 갖고
올바른 방법으로 종이 스트레치를 한다면 그다지 어려운 작업이 아니다.

젖은 물감은 종이 섬유를 부풀어오르게 한다. 일단 종이가 물기를 머금으면 본래의 형태와 크기로 돌이키기 어렵다. 만약 종이가 북 가죽처럼 팽팽하게 고정되어 있다면 수축하는 것을 막을 수 있다. 한번 종이가 수축하면 물감이 칠해질 때마다 다시 그 모양으로 돌아가게 된다. 가벼운 종이는 스트레치되어 있거나 물감을 칠할 때 고정해 놓아야 한다. 그 무게가 150g에서 300g인 종이는 몇 분 동안 물에 담가 두었다가 나무판에 고정한다. 이때 '검 스트립

(gum strip)'이라 불리는 종이 테이프를 사용한다. 무거운 종이는 반드시 물에 적셔 사용할 필요는 없지만, 만약 물을 많이 사용하는 워시 기법을 사용한다면 스트레치를 하는 것이 좋다.

종이를 한번 스트레치하면 그 종이가 마르는 데 적어도 2시간 정도는 소요된다. 그러므로 물감 작업을 하기 전날에 미리 스트레치를 해두는 것이 좋다.

TIP

종이를 불에 직접 말리지 않도록 한다. 이것은 위험할 뿐 아니라 불의 온도에 따라 종이의 표면이 벗겨질 수도 있다. 헤어드라이어가 더 안전하고 효과적이다.

네 면의 검 스트랩을 자른다. 각 면에 5cm씩 여분을 둔다. 종이의 크기가 나무판에 적당한지 확인한다. 검 스트랩을 두를 자리를 생각해 둔다. 몇 분 동안 종이를 물에 담가 두어 완전히 젓도록 한다. 종이가 완전히 잠기고 평평하게 펴질 만큼 큰 그릇을 사용한다. 종이의 양면이 완전히 젖었는지 확인한다.

종이를 스트레치할 나무판을 골고루 젖게 한다. 종이를 물에서 건져 낼 때 종이의 양쪽 모서리를 잡고 물이 흘러내리도록 잠시 든 후, 젖은 나무판의 중앙에 놓는다. 이때 종이의 윗면을 확인한다.

종이 중앙에서부터 가장자리로 부드럽게 편다. 사용 직전 잘라 놓은 네 개의 검 스트랩에 젖은 스폰지를 이용해 습기를 준다.

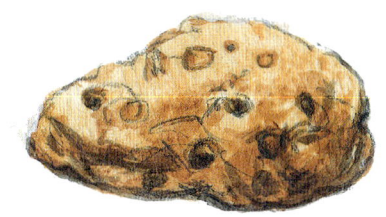

종이의 긴 두 면에 스트랩을 둘러 붙이는데 스트랩 폭의 절반은 종이에, 절반은 나무판에 붙게 한다. 이는 종이가 마른 후 떨어져 나가는 것을 방지하기 위해서이다. 손가락을 이용해 스트랩을 단단히 문질러 종이를 나무판에

붙인다. 강한 불에 직접 종이를 말리지 않는다. 종이의 표면이 상하거나 찢어질 위험이 있기 때문이다. 스트레치한 종이가 완전히 마르기 전에는 사용하지 않는다.

팔레트

조언에 따라서든 스스로 해보는 것이든 당신이 선호하는 색을 선택하여 팔레트에 모아 본다. 화가들마다 자신이 좋아하는 색깔과 중요한 색깔의 범위가 다르다. 하지만 어떤 특정 색깔은 공통적으로 선호하는 경향이 있다. 자연색인 엄버 계열색, 시에나 계열색, 그리고 오커 계열색은 대체색이 없다. 그리고 미네럴 블루나 그린은 화학적으로 처리된 것과 조화를 이루지 않는다. 고대의 제조법으로 만들어진 예술가의 색은 수백 년 동안 검증을 거친 신뢰할 수 있는 것들이다. 오늘날의 색은 현대적 기술의 합성 안료로 부족한 면들이 보충된다.

TIP

작업을 시작할 때 우선 작은 튜브를 사서 사용해 보고 그 색이 적당한지 시험한 후 큰 튜브를 사는 것이 경제적이다.

우선 몇 종류의 물감을 구입한 후 이들을 섞어 많은 색을 만들어 보는 것도 좋은 방법이다. 경제적인 문제를 떠나서 이렇게 해봄으로써 작업에 사용되는 색이 어떻게 조화와 일관성을 이루는지를 알게 된다. 너무 많은 색으로 작업을 하다 보면 혼돈이 생기거나 오히려 작업에 방해가 되기도 한다. 예를 들어, 상자에 든 물감 세트를 가지고 작업할 경우, 불필요한 색깔도 상당수를 차지할 수 있다.

페이지에 명시해 놓은 여덟 가지 색은 유화나 아크릴화를 시작하는 초보자의 팔레트를 위한 것이다. 이 색깔들을 적당히 섞어 사용하면 필요한 대부분의 색을 만들어 낼 수 있다. 팔레트에 물감을 짤 때는 계열색끼리 짜놓아서 색을 섞을 때 혼동이 되지 않도록 한다. 예시된 색들은 밝은 색으로부터 어두운 색까지 짜서 정렬해 놓는다. 이밖에도 따뜻한 색으로부터 차가운 색으로, 혹은 무지개색의 순으로 정렬하기도 한다.

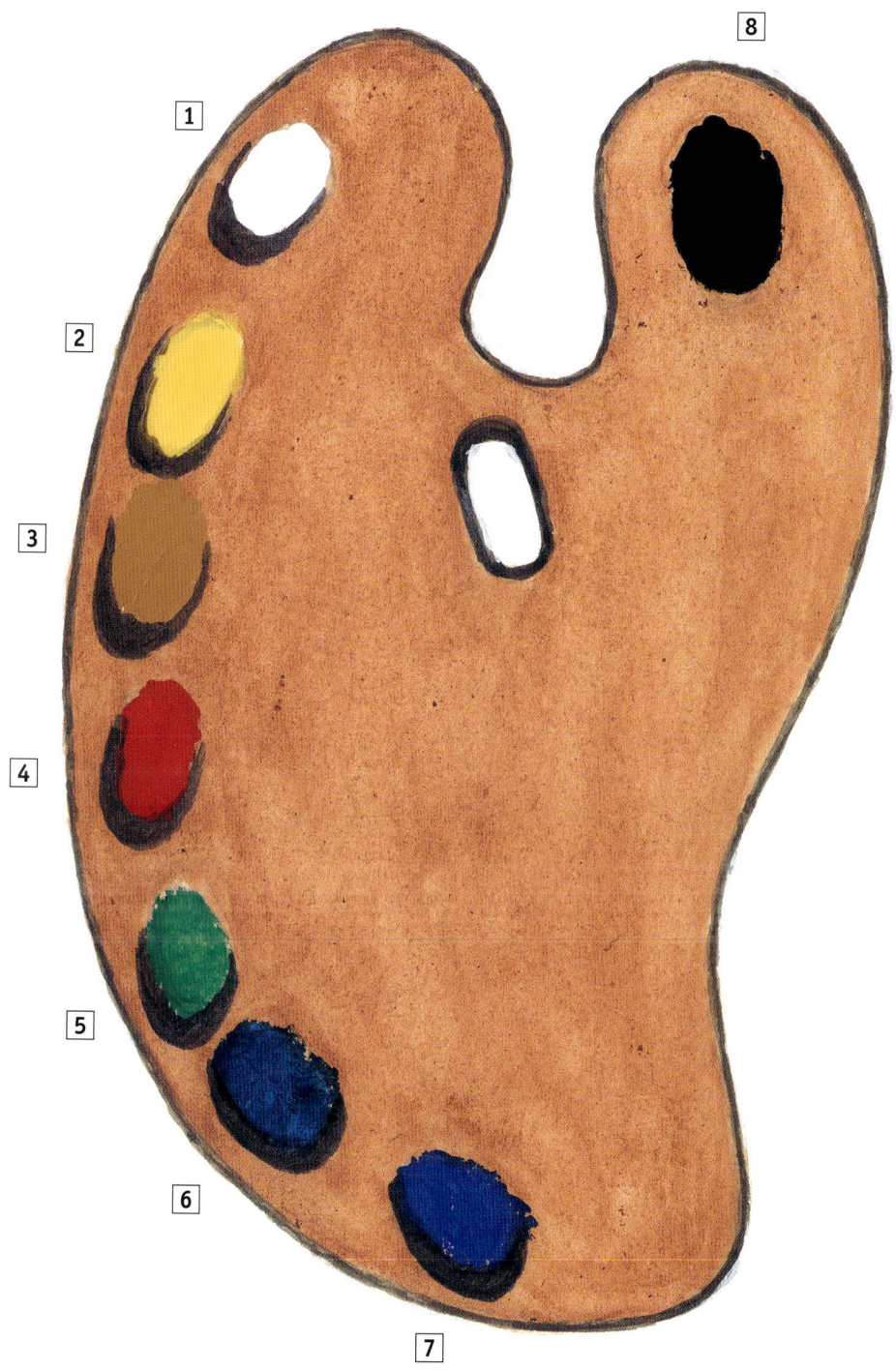

티타늄 화이트(titanium white) 또는 플래이크 화이트(flake white) ☐1 가운데 플래이크 화이트는 마르는 시간이 2일이 걸리는 반면 티타늄 화이트는 5~8일이 걸리므로 유화의 경우에는 플래이크 화이트를 사용하는 것이 좋다. 두 가지 화이트 색상 모두 최상의 명도와 높은 불투명도를 지니며 다른 색과 섞였을 때도 그 농도를 유지한다.

카드뮴 옐로(cadmium yellow) ☐2는 내광성, 즉 색이 바래지 않는 성질이 매우 좋다. 또한 착색이 강하지만 마르는 시간이 상당히 느려 완전히 마르려면 5~8일이 걸린다. 카드뮴 옐로는 다른 옐로보다 조금 더 따뜻하며 붉은 기가 있다.

번트 엄버(burnt umber) ☐3은 내광성이 좋고, 다른 엄버 계열과 마찬가지로 순수 자연 흙을 기본으로 생성되어 불투명도가 높다. 그러나 유화의 경우, 물감이 마르면 색이 더 어두워지는 경향이 있다. 마르는 데는 며칠이 걸리지만 비교적 빠른 편이다.

카드뮴 레드(cadmium red) ☐4는 밝은 빨간색이다. 카드뮴 옐로와 섞어 순수 오렌지 색인 카드뮴 오렌지를 만들어 낸다. 착색이 좋고 밀도 높은 불투명성을 지닌다.

비리디언(viridian) ☐5는 시원한 블루 색을 띤 그린이다. 이 색은 내광성이 아주 좋고, 적당히 투명성을 지니면서도 착색이 뛰어나다. 마르는 시간은 느린 편으로 5일 정도 소요된다.

프러시안 블루(prussian blue) ☐6은 내광성이 좋지 않아 강한 자외선에 노출되면 색이 바랜다. 그러나 다른 색과 섞으면 색의 질이 아주 좋아진다. 마르는 시간은 대략 2일로 짧은 편이다.

프렌치 울트라마린(french ultramarine) ☐7은 따뜻하고 투명하다. 내광성이 뛰어나고 마르는 시간은 중간 정도이다. 프렌치 울트라마린은 색의 다양성을 특징으로 하는데, 특히 번트 엄버와 섞었을 때 그 효과를 볼 수 있다.

아이보리 블랙(ivory black) ☐8은 내광성이 좋으며 불투명성도 매우 좋다. 착색이 잘 되나 마르는 시간이 매우 길어 5~8일이 소요된다. 아이보리 블랙과 옐로를 섞으면 매우 희귀한 색인 깊고 부드러운 그린이 만들어진다.

색채 이론

우리는 자연스럽게 색의 다양한 조합을 읽고 반응한다. 모든 색들은 강한 반응을 이끌어 낼 수 있다. 이는 우리의 감정에 영향을 미치고 더 나아가서 우리의 행동 양식에도 영향을 준다. 우리에게 미치는 색의 영향력이 매우 강하므로 예술가들은 기본적인 색의 과학, 즉 17세기 뉴턴 (Isaac Newton)의 이론을 이해해야 하였다. 한편 18세기 초 화가 제이콥 르 블론 (Jacob Le Blon, 1667~1741)은 이를 자신의 작업에 반영하였다. 색에 관한 이론을 이해함으로써 그림에 사용하는 색을 선택하는 데 좀더 신중해지게 되고, 그 결과는 만족스러운 작품을 만들어 내게 한다. 하지만 색에 대한 우리의 반응은 개인적이어서 작업을 할 때 선택하는 색은 개인적인 취향과 실험성을 반영하게 된다.

색언어

색의 특성과 관련있는 특별한 용어들을 알고 이것을 이용할 수 있다면 매우 유용할 것이다. 색상 혹은 색조로 해석되는 '휴 (hue)'는 색의 기본 이름을 지칭한다. 이는 '카드뮴 옐로(cadmium yellow)'나 '알리자린 크림슨(alizarin crimson)'과 같이 쓰이며, 물감이 제조되기 전 안료의 이름을 가리키기도 한다.

채도라는 의미인 '새츄레이션 혹은 크로마(saturation or chroma)'는 색의 순수성과 선명성을 지칭한다. 카드뮴 옐로, 카드뮴 레드(cadmium red), 그리고 프렌치 울트라마린(french untramarine)은 모두 채도가 매우 높은 색들이다. 이것들은 기본 삼원색에 가까운 가장 순수한 안료들이다.

색의 선명성은 물이나 미디엄과 섞이면 감소되는데, 화이트나 원래 색보다 밝은 색을 혼합하면 틴트(tint)가 만들어진다. 블랙이나 더 어두운 색을 혼합하여 쉐이드(shade)를 만들고 보색을 혼합하여 중성화시킬 수 있다.

같은 색상 안에서의 색의 밝음과 어두움의 정도를 '명도값', 즉 '토널 벨류(tonal value)'라 지칭하는데, 이는 혼합된 색의 밝음에 따라 달라진다.

'색 온도(color temperature)'는 색의 따뜻함과 차가움의 정도를 쉽게 설명한다. 따뜻한 색은 레드, 옐로, 오렌지 색과 같이 태양 광선과 관련되어 있고 차가운 색은 블루, 바이올렛, 그린과 같이 그림자와 관련되어 있다. 만약 따뜻한 색을 그보다 훨씬 따뜻한 색 옆에 배치했다면 이 색은 상대적으로 더 차가워 보이게 하고, 그 반대의 경우에는 상대적으로 더 따뜻해 보이게 한다.

따뜻한 색은 전진을, 차가운 색은 후퇴를 뜻한다. 이런 원리로 그림의 형태와 공간을 묘사할 수 있다. 예를 들어, 풍경화를 그릴 때 따뜻하고 전진하는 색은 근경에, 차갑고 후퇴하는 색은 원경에 배치하여 원근감을 더할 수 있다.

색상환

색상환은 가장 순수하고 높은 채도의 색으로 구성되었고 레드로부터 바이올렛, 오렌지, 옐로, 그린, 블루의 순이다. 색상환에서 마주 보는 위치에 자리한 색끼리는 가장 반대되는 경향이 있다. 예를 들어, 오렌지는 블루의 반대색, 즉 보색이다. 그리고 가장 조화를 이루는 것은 바로 옆에 위치한 색과의 조합으로 옐로와 오렌지의 예를 들 수 있다.

1차색은 레드, 옐로와 블루인데 이론상 이 세 가지 색은 다른 색의 혼합으로부터 나올 수 없는 색이다. 이 1차색들을 혼합해서 다른 색들을 만들어 내는 것이다.

2차색은 다른 두 1차색을 같은 비율로 혼합했을 때 생산되는 색이다. 그러므로 옐로와 레드는 오렌지 색을, 옐로와 블루는 그린을, 레드와 블루는 바이올렛을 만든다. 1차색으로 어떤 색을 선택하는가에 따라 2차색의 톤과 온도가 결정된다. 여기 프러시안 블루(prussian blue)와 알리자린 크림슨을 혼합했을 때 매우 따뜻한 바이올렛을 만들어지는 예를 볼 수 있다.

3차색은 1차색과 2차색을 혼합하여 만든다. 이는 오렌지 옐로, 붉은 오렌지, 옐로 그린과 같은 색이다. 이런 색들은 그림에 따뜻함과 차가움을 더하며, 색상환에서는 1차색과 2차색 사이에 위치한다.

보색은 색상환에서 서로 마주 보고 있는 1차색과 2차색들이다. 이들은 매우 반대되는 성향이 있다. 옐로와 바이올렛, 레드와 그린, 블루와 오렌지가 세 가지 보색의 조합이다. 보통 반대색들을 보색이라 부른다.

명도 알아보기

톤은 밝음의 절대색인 화이트와 어두운 색인 블랙 사이에서 그레이의 다양한 단계를 지칭하는 용어이다. 이 개념은 밝고 어두운 색을 이해하는 데도 동일하게 적용된다. 명도(tonal value)는 드로잉과 페인팅의 모든 형태에 있어 공간, 빛, 부피감을 성공적으로 표현하는 데 아주 중요한 역할을 한다.

명도는 빛과 주위 환경에 대해 상대적이다. 예를 들어, 당신이 풍경을 바라보면 어둡고 밝은 부분을 구분 짓기 어려울 것이다. 다만 중간 톤인 녹색 나무가 어두운 바이올렛의 잡목 숲을 배경으로 밝아 보일 수는 있을 것이다. 만약 같은 잡목 숲을 밝은 안개로 덮인 하루 중 다른 시간대에 보게 된다면 그 중간 톤의 나무도 훨씬 어둡게 보일 것이다.

빛은 색을 드라마틱하게 변화시킨다. 매우 어두운 색도 태양 광선의 반사로 매우 밝게 보일 수 있다. 이는 작업 중인 색의 구성 중 가장 밝은 부분이 될 것이다. 다른 두 명도의 대비는 한 구성 안에서 무게감을 더한다. 명도의 차이가 커질 수록, 예를 들어 블랙의 긴 그림자와 강한 직사 광선을 받은 흰색 물체와의 대비같이, 물체의 중량감이 더해진다. 종이 위에 따뜻한 느낌의 레드를 칠하고 그 옆에 옐로로 선을 긋는다. 서로의 색상은 차이가 있다. 그러나 이를 컴퓨터로 스캔하여 흑백으로 바꾸거나 흑백 필름으로 사진을 찍어 현상하면 이 두 색은 거의 같아 보인다.

중간 색들은 가장 자연적인 그레이의 일종인데, 이는 그것을 만든 색을 내포하기 때문이다. 채도가 높은 1차색 중 하나를 선택하여 채도가 떨어지는 2차색이나 3차색과 혼합하면 색채가 있는 그레이가 만들어진다. 전체적인 그레이 명도 단계는 물로 희석하거나 화이트를 혼합하여 만들 수 있다.

스케치 북에 한 줄로 칸을 만들어 드로잉을 이용한 명도 단계를 연습해 보자. 이것을 완성한 후 블루와 같은 1차색을 가지고 팔레트 위에 명도 단계를 만들어 보자. 레드를 이용해 볼 수도 있다. 팔레트 위에 레드와 블루를 조금 섞어 바이올렛을 만들어 보기도 한다. 2차색인 바이올렛과 1차색인 블루를 섞어 그레이를 만들어 보자. 이 색을 먼저 만들어 놓은 첫 번째 칸에 칠한 후 점차 2차색을 더해 가면서 명도 단계를 다양하게 하여 칠해 보자. 다른 색으로도 같은 실험을 해본다. 언제나 실험에 사용한 색과 그 양을 노트해 놓도록 한다.

이탈리아 마을

단순하면서도 건축미가 훌륭한 이탈리아 산 지미나노의 지중해 타워는 빛의 변화를 완벽히 반영한다. 명도의 변화 정도와 그 강약을 미세하게 잘 보여 주고 있다. 이 광경을 아크릴 물감과 구아슈를 이용하여 그렸는데 재료들을 섞어 생기는 다양한 효과로 붓 작업의 흔적을 남겼다. 따뜻한 세피아 톤으로 색을 제한하여 작업해서 명도의 복잡함을 단순화하였고, 이를 통해 전체 구성의 형태와 구조에 더욱 집중하게 했다.

물을 섞은 세피아와 적당한 양의 화이트 구아슈를 넓고 힘있는 붓 터치로 그려 줌으로써 하늘이 좀더 입체적이게 표현되었다.

종이에 미묘한 흔적을 남기면서 아크릴 물감을 얇게 칠했다. 그후 임파스토로 아크릴 물감 위를 바르고 다시 화이트 구아슈를 칠해서 돌벽의 질감을 나타내었다.

이 건물 주위의 세부 묘사는 필요하지 않다. 창문의 간단한 그림자 묘사 정도가 알맞다.

관목은 세피아 색의 아크릴로 묽고 평평하게 칠한 후 짧은 점묘로 어두운 물감을 두껍게 묻혀서 잎의 그림자를 묘사하였다.

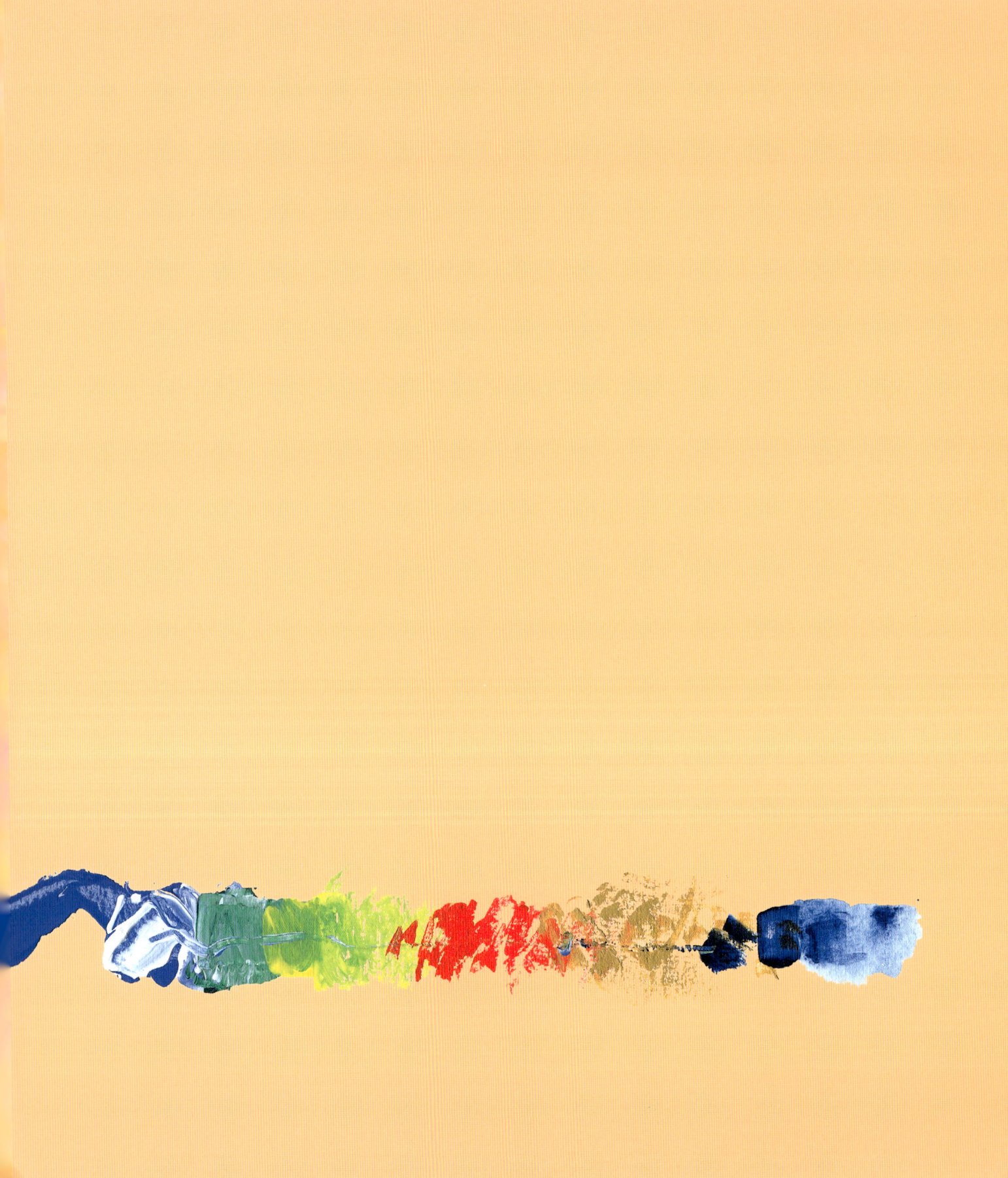

기법들
Techniques

붓 자국 내기

유화와 아크릴화 작업에는 몇 가지 요인에 따라 수많은 변수가 생길 수 있다. 다시 말해 물감을 튜브에서 짜서 그대로 사용하였느냐, 아니면 물에 희석하여 사용하였느냐에 따라서 느낌이 다르다. 또한 작업을 하는 종이 표면의 질감에 따라 똑같은 물감을 사용하였더라도 상당히 다른 결과를 얻게 된다. 여기에 붓 작업의 중요함이 있는 것이다. 물감에 일관성에 대한 요소가 좋은 그림을 탄생시킨다는 회화적 표현에 여러분도 동참해 보자.

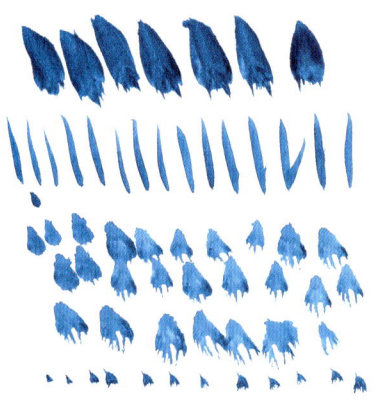

8호 **둥근 붓**으로 단색의 붓 자국을 낸다. 붓의 쇠끝(붓의 털과 손잡이를 연결하는 금속의 둥근 부분)까지 가볍게 힘을 주어 가로로 그린다. 붓 끝을 가늘게 표현된 붓 자국이 얼마나 고른지 노트해 둔다. 붓에 점점 힘을 더하고, 붓을 잡는 위치를 점차 멀리하며 다양한 붓 자국을 실험한다. 아크릴 물감에 물을 섞거나 유화 물감에 테레핀을 섞으면 물감은 훨씬 더 일관성 있게 젖어든다. 또한 붓 자국들은 새 발자국처럼 그 끝이 벌어지기도 한다.

붓 자국 중에 **납작 붓**의 자국이 가장 넓다. 16호 납작 붓은 상당히 잘 칠해지는데, 이는 밑색을 칠하는 레이어 작업에 가장 적합하기 때문이다. 납작 붓으로 볼륨감 있게 표현된 형태는 깊이감을 더해 준다. 또한 풍경이나 마을 전경이나 형태를 공부하는 데 있어 구성감을 더해 줄 수 있다. 납작 붓의 날카로운 끝과 넓적한 면의 대비를 실험해 보자. 붓의 강약과 잡는 위치 등을 다양하게 바꾸어 가며 춤을 추듯 붓 자국을 만들어 보자.

휠버트만의 특징인 둥근 붓 끝과 넓적한 면으로 독특한 붓 자국을 만들어 본다. 휠버트는 붓 끝으로 아주 정교한 묘사를 할 수 있는 동시에 넓고 납작한 붓 자국을 낼 수 있는 장점을 가지고 있다. 붓 끝으로 드로잉을 한 후 붓의 넓적한 부분으로 그 안을 칠해 보자.

TIP

어떻게 한 붓의 기법이 서로 어울리는지 아크릴화와 유화 모두를 이용해 비교 실험해 본다. 차후에 참고로 하기 위하여 그 결과물을 기록으로 남겨 둔다.

유화와 아크릴화를 위한 각종 붓 자국 기법들

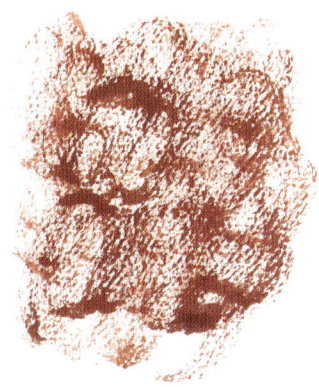

문지르기 기법인 **스컴블링(scumbling)**은 이미 물감이 칠해진 그림의 표면 위에 다른 색깔 레이어를 올려 문지르는 것이다. 얇고 가볍게 붓에 안료를 묻혀 둥글게 문지른다. 이 기법은 전체적으로 번지게 하는 바탕이나 분위기를 표현하는 데 효과적이다.

블랜딩(blending)은 한 가지 색과 또 다른 색 사이에 제3의 색을 만들어 처음 두 색이 부드럽게 섞이도록 하는 기법이다. 붓을 적시지 않고 적당히 마른 상태에서 부드럽게 다른 두 색을 섞어 경계선이 생기지 않도록 한다. 거친 표면 위에 블랜딩을 할 때는 분절색(broken color)의 시각 효과를 얻을 수 있다. 다른 물감을 이용하여 그 효과를 실험해 보자.

점묘법은 19세기 인상주의 미술로부터 시작된 기법이다. 이 기법으로 유명한 프랑스 화가 쇠라(Georges P. Seurat)는 최소한 두 가지 색을 같은 크기의 점이나 선으로 칠하고, 그 사이에 빈 공간을 남기면 빛의 명료함이 나타난다는 사실을 발견하였다. 거리를 두고 보았을 때 우리의 눈이 그 점들을 섞어 봄으로써 실제 두 물감을 섞어 만들 수 있는 색보다 더 밝고 자극적인 색이 표현된다.

드라이 브러쉬(dry brush), 즉 마른 붓질은 유화와 아크릴화 모두에 사용할 수 있으며, 결이 거친 캔버스 표면에서는 분절색 효과도 볼 수 있다. 이 기법은 잎사귀나 물 위에 비친 빛의 표현에 이상적이다. 그리고 적은 양의 물감과 물의 비율을 적당히 유지시키며, 마른 붓으로 캔버스 전체를 균일하게 문지른다. 또한 유화와 아크릴 물감 모두 사용 가능하며, 어둠 위의 밝음을, 혹은 그

반대의 경우를 효과적으로 표현할 수 있다. 이러한 붓 자국 기법들을 적절히 혼합하여 이용하면 유화와 아크릴화 모두에 있어 깊이감이나 생동감, 표현력이 그림에서 우러나올 수 있다. 모든 기법을 순서대로 시도해 본 후 하나의 그림에 골고루 적용해 보자.

붓의 부드러운 정도나 사용되는 재료에 따라 붓 자국의 결과도 매우 다르게 나타난다는 사실을 알 수 있다. 그리는 태도 역시 그리는 속도에 따라 달라진다. 붓의 몸통을 사용하면 붓의 끝을 사용할 때보다 더 넓은 자국을 낼 수 있다. 그림의 표면을 빠르게 훑어 그리는 방법은 단절된 붓 자국 효과를 보여 준다.

전통적인 회화는 투명한 글레이즈 기법으로 색깔 레이어를 쌓아 가는 것이다.

얀 반 아이크(Jan Van Eyck, 1390~1441), 지오반니 벨리니(Giovanni Bellini, 1430~1516), 타이티안(Titian, 1490~1576) 등은 묽은 레이어로 작업을 완성해 나갔다. 각각의 레이어가 만들어지면서 먼저 칠한 색은 그 위에 비쳐 보였다. 이러한 물감의 표현 기법들은 17세기까지 작업에 사용되었다.

워시와 글레이즈
washes and glazes

글레이즈는 전통적인 회화 기법 중의 하나이다. 오래 전부터 캔버스와 판넬을 주로 사용해 왔는데, 이는 단지 색감을 풍성히 하는 효과만이 아니라 팔레트를 사용하지 않고도 직접 캔버스 위에서 물감을 섞을 수 있다는 장점을 보여 준 것이다. 색을 얇고 투명하게 칠함으로써 여러 레이어에 깔린 다양한 색깔을 완화시키기도 한다. 하지만 때로는 한 가지 색이 강한 시각 효과를 불러 일으킨다 해도 그 색은 상당한 광택과 투명함을 가지게 된다.

아크릴 물감으로 글레이즈하기

많은 예술가들은 아크릴화의 초기 단계에 글레이즈 기법을 사용하는 경향이 있다. 이는 물감이 쉽게 마른다는 장점을 활용한 것이다. 아크릴 물감은 주로 물이나 미디엄을 섞어 사용한다. 적은 양의 물감과 같은 양의 미디엄을 붓을 이용해 잘 혼합한 후 사용하는 것이 가장 좋다. 물감 층이 얇아야 밑에 칠해진 색이 비춰 보인다.

유화 물감으로 글레이즈하기

가장 오래된 글레이즈 기법은 그림 전체를 연속적인 레이어로 쌓아 올리는 것이다. 현대에는 직접적이고 불투명한 붓 작업과 글레이즈를 혼합한 다양한 방법으로 접근을 시도한다. 단색으로 밑작업을 하는 것도 바람직하지만, 이것이 완전히 마르는 데는 며칠씩 걸리므로, 오늘날의 작가들은 아크릴 물감으로 이 작업을 대신한다. 그리하여 한 시간 안에 밑 작업을 완성할 수 있게 되었다. 글레이즈를 만들 때 린시드 오일과 소량의 테레핀을 물감에 섞거나 미리 만들어진 알카이드 미디엄인 '리퀸(liquin)'을 사용하면 더욱 편리하다. 미디엄을 물감과 섞어 사용하면 마르는 시간을 절반으로 줄일 수 있어, 작업의 속도를 올릴 수 있다. 물감을 얇게 칠해 그 두께를 유지하는 것은 필요시 수정을 가능하게 하지만, 그보다는 다른 레이어를 올리기 전에 먼저 작업한 물감을 완전히 마르게 하는 것이 중요하다.

글레이즈 시작하기

유화와 아크릴 물감을 이용하여 여러 장의 종이에 연습을 해보자. 특별히 유화용 기름종이로 연습을 한다면 작업에 들어가기 전에 도구를 깨끗이 씻도록 한다. 이 연습을 하는 동안 물감 레이어가 쌓여 감에 따라 색의 투명도가 어떻게 변해 가는지 새로운 발견을 할 수 있을 것이다. 서로 다른 색의 조합을 실험해 보면서 각각의 글레이즈에 물의 농도가 변화하는 것을 보자.

물감과 미디엄을 자유롭게 섞어 가며 발견해 낸 새로운 사실들을 메모해 놓는다.

들판에 핀 양귀비꽃 그림은 간단한 구성의 목탄 스케치로부터 시작한다. 이런 스케치가 그림의 기본이 되며, 이것을 캔버스 위에 직접 옮겨 그리거나 혹은 가까이에 놓고 본 작업에 참고할 수 있다. 목탄은 쉽게 문질러 지울 수 있다. 울트라마린과 프러시안 블루를 섞은 것으로 그림 전체에 얇게 글레이즈 처리한다.

가장 기본 층인 블루 레이어는 매우 묽게 칠한다. 전경 부분은 블루 레이어 위에 워시 기법을 이용해 레몬 옐로를 칠하는데, 이 부분은 나중에 다양한 그린 톤으로 표현되며, 줄기와 잎사귀는 블루와 그린을 이용해 그리면 된다. 양귀비의 활기 차면서 반투명한 꽃잎은 알리자린 크림슨을 얇게 칠한 네 개의 핑크색 레이어로 표현되었다. 접히거나 주름진 표면의 자세한 묘사는 돼지털 둥근 붓 4호로 울트라마린 블루를 칠해 표현하였다.

레몬 옐로와 울트라마린 블루를 섞어 만든 그린 위에 묽은 프러시안 블루로 기름기를 나타낸다. 물감이 튄 듯한 효과로 나무의 그늘진 모습을 잘 표현하였다.

연속되는 글레이즈로 중경에 따뜻한 브라운 색을 만들어 내었다. 이 풍성하면서 얼룩진 듯한 자연의 색은 그림의 나머지 부분의 색들과 잘 어울려 있다. 이는 다양한 여러 색으로 이루어졌기 때문이다. 간단한 묘사도 필요하지만 양귀비 꽃잎에 시선을 집중시키기 위해 더 많은 묘사는 생략하였다.

발랄한 느낌의 알리자린 크림슨을 칠한 꽃잎은 그린 들판의 배경으로 둘러싸여 있는 강한 대비 효과로 인해 매우 두드러져 보인다. 이 같은 장치는 증폭된 명도의 환각을 불러일으킨다.

TIP

예술가의 장점을 이용해 구성, 색깔, 톤의 다양성에 많은 변화를 주어 보자. 기본 드로잉을 작품의 완성에까지 적용시키지 말고 새로운 아이디어를 도입하여 발전된 형태의 완성작을 만들어 보자.

오패크와 임파스토
opaque and impasto

튜브에서 직접 짜서 사용하게 되면 유화나 아크릴 물감 모두 진한 크림 타입의 텍스처를 갖게 되는데, 이것을 오패크라고 한다. 이것은 빛을 전도시키지 않는다. 물감을 두껍게 칠하거나 임파스토로 표현할 경우, 작가는 색을 섞어 올리는 것과 캔버스 위에 물감 자국 남기는 것을 자유롭게 할 수 있다. 어떤 재료이든 이 기법을 사용하면 재미있고 가시적인 효과도 볼 수 있다. 이러한 효과에서 얻는 에너지는 반 고흐의 후기 작품인 풍경화에서 찾아볼 수 있다.

아크릴 물감으로 레이어 만들기

희석하지 않은 아크릴 물감은 쉽게 레이어로 올릴 수 있다. 글레이즈와는 달리 완전히 어둡고 평평한 물감 위에 이와 같이 평평하면서도 더 밝은 색을 덮어 올릴 수 있다. 물감을 희석하지 않고 불투명하게 처리하면 그 밑 레이어의 어두운 색은 보이지 않는다. 이 기법은 구아슈에도 쓰이지만 바인더가 그리 두껍지 않아 표면의 두께를 더해 주기는 쉽지 않다.

유화 물감으로 레이어 만들기

유화는 아크릴과 달라서 유화의 불투명도는 그 물감의 안료에 기름이 얼마나 섞였는가에 따라 달라진다. 유화로 오패크 기법을 살리려면 '팻 오버 린(fat-over-lean)' 기법으로 접근해야 한다. 팻은 기름이 많을수록, 린은 기름이 적을수록 달라지는 농도를 의미한다. 층을 이용하여 완전히 불투명한 효과를 보려면 그림 전체의 완성 과정에 걸쳐 일정한 정도로 기름의 양을 늘여 가야 한다. 만약 기름이 적게 들어간 물감이 기름이 많은 물감 위에 칠해졌을 경우, 그림이 마르면서 물감은 갈라지는 현상을 보인다.

TIP

물감에 기름기가 너무 많으면 임파스토 기법에는 적합하지 않다. 이 경우 물감을 키친 타월에 짜놓았다가 기름이 휴지에 배도록 잠시 기다린 후 작업 때 사용하면 된다.

임파스토

아크릴화와 유화는 거의 대부분 표면의 질감을 표현해 낼 수 있는 유연성이 있다. 임파스토 기법은 화가에게 빠르고 새로운 작업을 가능하게 해주며, 색이나 레이어가 필요 이상 사용되어 그림이 탁해지는 것을 막아 준다.

계획을 세우는 것 역시 중요하다. 간단한 목탄 스케치로 필요한 요소들을 정리하고 톤의 정도를 결정한다. 유화에 이 기법을 이용하면, 레이어를 만들때 잘못 그려진 부분을 쉽게 고칠 수 없게 된다. 그럼에도 불구하고 이 순간적이고 빠른 작업을 시도해 보자. 이 기법을 통해 당신은 표현력과 결정력이 향상되는 것을 느낄 수 있을 것이다. 더 빠른 작업을 실험해 보고 싶다면 유화보다 아크릴 물감이 유용하다.

이 지중해 공원 그림은 오패크와 임파스토 기법을 이용한 작업을 연구하는 데 이상적인 참고가 될 것이다. 전체적인 배경에는 주요 색들로 구성된 연속적인 글레이즈 기법을 사용하였고, 하늘은 코발트 블루와 화이트를 섞어 돼지털의 넓은 납작 붓으로 워시 처리하였다. 색 점으로 아지랑이 같은 효과를 내어 관목 사잇길을 표현했다. 강한 한낮의 햇살이 표면을 탈색시키면서 강한 대비를 이루고 있다. 형태를 알아보거나 구별해 내기는 어렵지만 수풀의 어두운 부분과 잎의 밝은 부분의 형체는 알 수 있다. 하늘의 블루 워시가 옐로 오커를 사용해 부드러워진 관목의 배경을 완벽하게 소화해 내고 있다.

전경의 형태

우리는 이미지가 주는 단서로 그 이미지를 인식한다. 계단 가까이의 덤불에 쓰인 강한 임파스토 붓 자국으로 잎사귀를 구별하고, 그것이 자라는 방향을 알 수 있게 한다. 질감의 표현이 많이 발전되어 거의 3차원적인 입체감이 난다. 이러한 접근은 단단한 계단의 질감을 묘사하는 데 효과적이다. 이 경우 페인팅 나이프로 굵은 자국을 손가락과 묽은 물감의 워시 효과를 이용하여 부드럽게 마무리하였다. 이러한 기법을 유화에서는 사용할 수 없다. 두껍게 칠한 물감 위에 얇게 덧칠한다는 '틴 오버 틱(thin-over-thick)' 기법은 두꺼운 물감 층이 마르면서 갈라지는 현상이 생긴다. 이 그림은 중앙으로 초점을 맞추었고, 가장 비중 있는 부분은 종려나무이다. 이로써 톤과 질감이 강한 대비를 보여준다. 글레이즈 기법 후, 밝고 어두운 임파스토 붓 자국으로 두꺼운 입사귀들을 묘사하였다.

코발트 블루와 화이트 하늘 위에
종려나무 잎사귀를 두껍게 칠해
묘사하였다.

임파스토 점묘로 가장 나중에 작업한
레이어에 의해 그늘진 관목 사잇길이
두드러지게 보인다.

어두운 퍼플 블루의 그림자를 묘사하면서
테라 코타 화분의 섬세함을 잃지 않게 하였다.

이 부분은 묽은 워시 층 위에 그려진 강한
임파스토 효과를 볼 수 있는 좋은 예이다.

페인팅 나이프로 계단을 그린 것인데
모서리를 효과적으로 묘사하였다.

분위기를 표현하는 임파스토

뉴욕의 봄, 그리고 상쾌한 이른 아침의 햇살을 목탄 스케치로 그렸다. 이것을 통해 더 큰 규모의 진지한 작업도 진행할 수 있었다. 갑자기 그림의 소재가 나타났을 때 우리는 그 어떤 재료를 동원해서라도 재빨리 그 장면을 기록해놓아야 한다. 복잡한 교차로에서 빠른 움직임들은 매우 흥미롭게 보였다. 뉴욕의 명물인 옐로 캡이 건널목에 서 있고, 밝은 레드와 블루의 옷을 입은 사람들이 움직이는 차량들 사이에서 눈에 띄었다. 이러한 순간적인 일련의 작은 장면들을 생동감 있는 임파스토 기법의 유화 작업으로 남겼다.

순간적으로 지나가는 이러한 영감을 놓치지 않아야 한다. 흑백의 목탄 스케치와 그 당시 운좋게 갖고 있던 카메라로 주위의 색감과 빛을 포착하였다. 다양한 요소들의 표정들 (넓은 석조 건물의 전면, 밝은 분위기의 하늘, 그리고 얼굴은 잘 보이지 않지만 바삐 움직이는 사람의 형상들)을 효과적으로 표현하기 위해 튜브에서 바로 짜낸 유화 물감의 장점을 살려 보았다. 물감의 생동감 있는 표현과 유화의 풍성한 질감으로 작품의 전체 분위기가 잘 살아났다.

TIP

임파스토 기법은 전체적인 구성을 우선하며 이런 중요한 요소들을 완성한 이후에 자세한 묘사를 하게 된다.

이곳에 얇게 칠해진, 하지만 여전히 밀도가 있는 물감은 센터의 빌딩보다 덜 강조되어 있다. 넓은 붓 자국과 최소한의 묘사로 마무리된 중앙의 빌딩은 정교한 표면과 교차로의 활발함을 한층 강조되고 있다.

하늘은 평평한 블루가 아닌 성근 구름의 얼룩덜룩한 질감까지 묘사함으로써 입체감 있게 보인다. 동시에 그와 다르게 강렬함을 지닌 땅 위로 빛은 반사되고 있다. 코발트 블루는 팔레트 위에서 테레핀과 섞여 희석된 후 캔버스 위에 부드럽게 칠해졌다.

옐로 오커의 빌딩 윗면은 하늘과 비교해 따뜻한 대비를 이룬다. 이는 전체의 화면 구성의 중요한 요소로 자리매김하고 있다.

빌딩의 그림자 부분은 3차원적인 입체감을 강조하고 있다. 물감을 의도적으로 거칠게 칠하여 올라간 모서리 형태와 창문을 입체적으로 표현하였다.

프러시안 블루와 번트 엄버, 카드뮴 레드를 섞어 그림자 진 행인을 그렸다. 이는 사람 위로 떨어지는 완화된 빛이 만들어 내는 어렴풋한 형상을 묘사한 것이다. 이 형상들은 전체 구성에 있어 필수적인 장치이며, 이 어두움은 그림의 맛을 더해 준다.

밑그림 칠하기와 알라 프리마
underpainting and alla prima

밑그림을 칠하는 것은 유화와 아크릴화 모두에 있어 가장 기본이다. 목탄이나 연필, 혹은 적당히 마른 붓이나 물감 같은 재료로 종이나 캔버스 위에 밑그림을 그리는 데 있어, 어떤 화가들은 한 가지 색으로 전체의 밑그림을 칠함으로써 작업을 한 단계 더 발전시켰다. 이 과정은 화면의 구성과 전체적인 톤을 미리 계획한 후 계속적으로 올려질 레이어에 대한 예견이 있어야만 가능하다.

밑그림을 칠하는 데 있어 가장 무난한 색은 세피아와 브라운과 붉은 계열의 색인데, 이는 시대에 따라 다르다. 르네상스 화가들은 그린과 블루를 선호하였는데, 이러한 밑색 위에 희석된 글레이즈로 사람의 피부 톤을 효과적으로 표현할 수 있었기 때문이다. 밑그림을 칠하는 데 특별히 정해진 방식은 없다. 흐릿하게 그리거나 묽은 워시 기법을 이용하거나 개인의 취향대로 다양하게 작업할 수 있다.

알라 프리마

알라 프리마는 '처음(at first)'이란 뜻이며, 밑작업 없이 단번에 앉은 자리에서 빠르게 그림을 완성하는 것을 의미한다. 알라 프리마는 어떤 한 가지만의 페인팅 기법을 의미하는 것이 아니며, 물감이 채 마르기 전에 신선하면서도 신중한 붓 놀림으로 효과있게 그림을 그리는 것이다. 부드럽게 문질러 표현된 색깔과 흐릿한 경계는 시각 작용으로 인해 만들어진다. 이는 서로 다른 색과 톤의 대비로 이루어진다.

감각적 표현의 발전과 야외에서 작업하고자 하는 욕구가 늘어 감에 따라 프랑스의 인상주의 선구자들은 19세기 후반 들어 새로운 작업의 방향을 제시하였다. 인상파 중 모네, 피사로와 시슬리는 톤을 이용한 글레이즈와 많은 노력이 들어가는 레이어 작업을 거부하고 팔레트에서 캔버스로 직접 물감을 올려 붓 작업을 하는 방식을 선호하였다.

알라 프리마의 밑그림 스케치

드로잉은 언제나 새로운 그림으로의 접근을 용이하게 한다. 이는 시각적으로 포착되는 문제점들을 분석하고 작업을 위한 사색을 하게 한다. 명도의 차이를 이용하는 것은 알라 프리마에 있어 중요한 요소이다. 화분과 꽃이 담긴 병, 목이 길죽한 병의 풍경에 빛의 방향을 오른쪽 위에서 내리쬐는 것으로 정한 후 목탄을 이용하여 다양하고 풍부한 톤을 표현하였다.

알라 프리마 작업

생동감 있는 옐로 꽃잎들은 이번 실습의 소재이다. 이는 앞에 놓여진 모습 그대로 빠른 시간 내에 완성한 것이다. 이 작업에는 기본 색인 코발트와 프러시안 블루, 옐로 오커, 카드뮴 레드, 번트 엄버, 샙 그린, 그리고 플래이크 화이트가 사용되었다. 생생한 붓 터치를 위해 중간 크기의 돼지털 휠버트 여러 자루와 납작 붓을 사용하였다.

이 그림에 칠해진 노란색의 강렬함은 테라코타 핑크의 따뜻한 빛과 만나면서 완화되었다. 이 강한 대비가 꽃의 형상을 더욱 풍성하게 해준다.

목이 긴 병의 두꺼운 유리는 그린과 블루, 카드뮴 레드와 옐로 오커, 화이트를 섞어 만든 테라코타 핑크의 능숙한 붓 놀림으로 묘사하였다. 빛이 유리에 강하게 반사되면서 색을 분산시켜 병의 단단함을 보여 주고 있다.

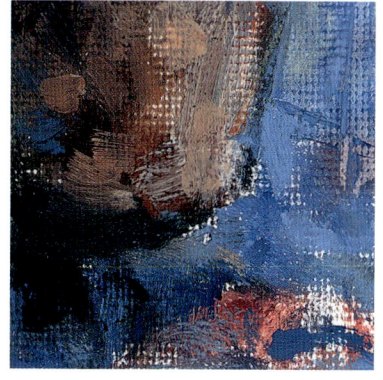

물체 바닥에 생긴 그림자는 블루를 사용해 가로와 세로로 붓 작업을 한 후 번트 엄버로 강조하여 처리하였다.

나이프 페인팅

페인팅 나이프는 길고 납작하게 생겼고 팔레트 위에서 물감을 섞을 때 사용하는 팔레트 나이프와 구별된다. 페인팅 나이프는 건축 현장에서 사용하는 흙손을 축소시킨 모양이며, 다이아몬드 형태의 날과 구부러진 손잡이로 되어 있다. 이는 작업하는 손이 작품에 닿는 것을 방지해 주는 역할을 한다. 아크릴화에 사용되는 젤 미디엄(23p. 참고) 같은 보조 도구들이 많이 사용되고 있는데, 이는 그림에 부피감을 더하고 단단한 질감 표현을 가능하게 하여 나이프 페인팅 작업을 용이하게 한다.

나이프를 이용한 작업에는 두 종류가 있다. 첫 번째는 나이프 날의 가장 넓은 면을 이용하여 넓은 면에 주요한 색을 칠한다. 이 기법으로 물감이 캔버스에 깨끗하게 발라진다. 두 번째는 둘째 손가락의 힘 조절로 섬세한 나이프 자국을 내는 것인데, 그림의 형태를 고치거나 새로 그리기에 좋다. 또한 나이프 날의 끝을 이용해 이미 칠해진 물감을 긁어 내는 효과를 낼 수도 있다.

젖은 물감을 부드럽고 자연스럽게 칠할 때에는 나이프를 캔버스 위에 붙인 후 일정한 힘을 주어 물감과 함께 죽 밀어 주면 된다. 캔버스 조직의 질감이나 밑에 바른 물감을 보이게 하고 싶을 때는 나이프에 각도를 주어 물감을 문질러 떠내면 된다. 나이프로 표면을 두드리면 점묘 표현을 할 수 있다. 연속되는 여러 층의 레이어가 마른 후 나이프 자국을 내면 날카로운 분절색 효과를 볼 수 있는데, 이는 건축물을 표현할 때 효과적이다. 여러 종류의 나이프 작업을 통해 자기만의 스타일을 개발해 보자.

중간색을 묽게 하여 가볍게 밑그림을 칠해 둔다. 그렇게 하면 그 위에 나이프 페인팅을 할 때 톤을 풍성하게 할 뿐 아니라 화면의 중요한 요소들을 그리는 데 좋은 준비 작업이

된다. 또한 물감을 두껍게 칠할 때는 튜브에서 직접 짜서 나이프 날이 잘 구부러지는 면을 이용해 캔버스에 바른다. 이때 여러 가지 모양의 나이프를 이용해 다양한 효과를 낼 수 있다. 나이프 페인팅 기법을 이용해 한번에 성공적으로 밑그림에 물감을 칠할 수도 있다. 나이프 페인팅으로 만들어진 매끈한 표면은 대부분의 빛을 반사해 내는 기반이 되며, 그 위에 연결하여 다양한 붓 작업을 가능하게 한다.

그리스의 문

창문과 문은 화가들에게 있어 자유를 동경하는 상징이다. 그리스를 방문하였을 때 울퉁불퉁한 벽에 매달린 창들과 문에서 본 풍성한 질감은 인상적이었다. 널판 조각들을 이어 만든 문과 거친 회벽의 조화는 나이프 페인팅에 대한 아주 특별한 영감을 주었다.

오후 햇살을 받은 그린 색 문은 오랜 세월을 지나며 조각이 덧대어졌고 낡고 구부러지져 있었다. 나이프 페인팅은 돌벽의 거친 질감이나 작은 틈새에 생긴 그림자를 표현하는 데 가장 효과적인 기법이다.

전체적으로 옐로 오커로 밑색을 칠하고
번트 엄버로 문과 주위 사물을
스케치하였다.

이곳에 칠해진 프러시안 블루는 문틀의
움푹한 부분을 보여 주는데, 이는 아직
덧칠하지 않은 초벌 작업에 불과하다.

나이프로 얇게 문지른 번트 엄버로 벽의
갈라진 틈을 묘사하였다.

번트 시에나로 빈 공간을 채운 후 두꺼운
물감 층을 올려 따뜻한 느낌을 준다.

나이프의 넓은 날로 다양한 방향으로
화이트를 발랐다.

나이프 날의 끝으로 캔버스의 표면을
긁어 물감 층에 더 깊은 자국을 만들어
내었다.

프러시안 블루를 위로부터 아래로 길게
그려 칠하고 그 위에 옐로 오커 층을
만들어 따뜻한 그린 분위기를 만들었다.

두껍게 발라진 옐로 오커로 단단한
표면을 묘사하였다.

코발트 블루와 옐로 오커를 섞어 화면의
3분의 1을 차지하는 공간을 힘있게
문질러 준다. 이를 위해 붓에 테레핀을
조금 묻히고 자신감 있는 붓 놀림으로
묽은 물감을 가볍게 칠하였다. 블루의
하늘이 옐로 오커를 만나 그린으로
변함으로써 전체 풍경은 조화를 이루고
있다.

넓은 14호 납작 붓을 이용해 번트 엄버로
무성한 관목을 표현함으로써 그림의
어두운 부분을 만들어 준다. 또한 이
부분을 그림의 왼쪽에 배치함으로써
관람자의 시선을 집중시키고 있다.

전체적으로 가벼운 붓 자국이 매우
인상적이다. 밑그림을 칠하지 않고 직접
채색을 할 경우, 붓 자국 사이사이에
보이는 캔버스의 흰 부분이 그림을
신선하고 깨끗하고 밝게 한다.

끝으로 빠르고 거친 사선 방향의 붓
자국으로 움직이는 풀을 묘사하는 데 10호
크기의 돼지털 휠버트를 사용한다. 풀들의
자세한 묘사는 필요하지 않다. 한데 이
그림에서는 이미 보여 준 풍경에서
의도적으로 단순하게 재현하였다.

둥근 언덕은 10호 돼지털 납작 붓으로
표현하였다. 카드뮴 옐로와 옐로 오커를
희석시켜 마른 붓 자국을 내었다.

혼합 기법

기억이나 사진이 항상 당시의 분위기를 완벽히 재현해
줄 수 있는 것은 아니다. 풍부하고 창조적인 붓 작업을
통하여 신체적인 움직임까지 담는다면 다양한 현상을
표현할 수 있을 것이다. 유화는 천천히 작업하는 매체
이나 빠른 스케치에 사용할 수도 있다. 문지르기와 거
칠고 마른 붓 놀림, 얇은 워시 기법을 동시에 이용해 알
라 프리마 작업을 할 수 있다.

이 그림의 들판은 따뜻한 여름 바람에 흔들거리고 있
다. 풍경의 영감이 담겨 있는 이 장면은 정지된 동작이
아니다. 부드럽게 이어지는 원경의 언덕은 붓을 길게
문질러 표현하였고, 근경에서 나붓거리는 풀들은 짧고
마른 붓 자국으로 그 움직임과 질감을 표현했다. 하늘
의 넓고 큰 구름과 시원한 느낌을 대비시켜 한낮의 부
는 바람을 묘사하였다.

TIP

풍경화를 그릴 때는 하늘과 땅의 면적을 고
려하여 흥미로운 형상이 있는 곳에 3분의
2를 배분한다. 넓게 열린 하늘과 평화로운
구름의 형상. 작렬하는 태양 광선은 한낮의
분위기를 묘사하고 있다. 풍경의 형태를 변
화시켜 명암의 단계를 더하면 원근을 더욱
살릴 수 있다.

텍스처 만들기

화가는 질감의 다양성으로 작업의 맛을 살린다. 유화와 아크릴 물감의 크림 타입의 풍성한 텍스처는 여러 기법을 실험하기에 아주 좋다. 질감을 내는 목적은 때로는 설명이 가능 하나 대부분의 경우에는 표현을 위한 장식적인 기능으로 쓰인다. 다양한 붓 작업으로 실험하여 작업의 영역을 넓혀 보자.

텍스처와 기법의 연구를 통해 그림을 다양하게 구성하면 관람자에게 흥미를 더해 줄 수 있다. 이를 통해 자신이 가지고 있는 오랜 습관을 바꾸어 볼 수도 있다. 텍스처를 만드는 붓 작업을 그림의 후반 작업에 적절히 사용하여 원하는 효과를 얻어 보자. 어떤 때는 고요한 분위기의 주제와 맞는 기법으로, 어떤 경우에는 소용돌이가 이는 듯한 느낌을 얻기 위해 에너제틱한 표면을 만들어 보자. 간단한 기법이지만 이를 잘 이용하면 매우 사실적인 효과를 얻을 수 있다.

유화나 아크릴화의 구성에서 어떤 텍스처를 선택해야 할지 결정하는 것은 작품의 주제에 따라 달라진다. 울퉁불퉁한 벽이나 거친 바다를 표현하는 것은 고요하게 굽이치는 물결을 표현할 때와는 매우 다르다는 것을 알 수 있다. 각각의 주제를 정확히 표현하는 붓과 나이프를 다양하게 사용하는 방법만 있는 것은 아니다. 모델링 페이스트(paste)나 모래를 섞는 것과 같이 물감에 다른 재료를 첨가하여 주제의 텍스처를 효과적으로 나타낼 수도 있다. 이렇게 붓 작업으로 오랜 시간 걸려 표현할 수 있는 텍스처를 짧은 시간에 완성할 수 있다.

이러한 새로운 재료를 개발하기 위해서는 다양한 실험을 거쳐야 한다. 언제든지 재료들을 섞기 전에 그 미디엄의 성격을 고려해야 한다. 어떠한 오일 또는 왁스가 첨가된 재료는 물에 녹는 아크릴 물감과 함께 사용할 수 없다. 만일 두껍게 발라진 유화 물감 위에 긁어 내는 기법을 사용했다면 이것이 완전히 마르는 데 몇 주씩 걸린다는 것을 유념해야 한다.

현대 영국 화가인 프랑크 아우바흐(Frank Auerbach, b.1931)는 케이크와 같은 매우 감각적인 표면을 나타낸다. 두꺼운 물감을 여러 레이어로 쌓은 후 나이프로 문질러 텍스처 효과를 내는 작업을 하는데, 이는 마르는 데 수개월이 걸리게 된다. 그러므로 이러한 방법을 이용하는 화가들은 동시에 진행하는 캔버스가 여러 개이다. 그러나 서로 다른 기법을 실험해 봄으로써 개인적인 취향을 개발시킬 수 있으므로 다양함을 추구해 보는 것도 좋다.

텍스처가 표현된 풍경화

이 약동하는 한여름의 풍경화는 평범하고 전통적인 스케치 과정을 거친 후, 텍스처로 그림에 분위기를 더하는 연구 작업이다.

젖은 종이에 화이트와 코발트 블루를
묻혀 찍은 후 못 쓰게 된 크레딧 카드의
모서리로 물감을 발랐다. 그 위에
코발트 블루로 워시 처리하여 하늘을
좀더 어둡고 분위기 있게 하였다.

헛간 건물은 페인팅 나이프로 그렸다.
카드뮴 레드로 얇은 띠를 둘러 헛간을
그리고, 그림 중앙의 3분의 1 지점에
관람자의 시선이 머물게 하였다.

밑그림을 그릴 때 물에 녹는 연필과
분필을 이용해 진하고 힘있는 드로잉을
남겼다.

어두운 그린과 최대한으로 대비하여
건물 외벽과의 차이를 나타냄으로써
강한 시선을 이끌어 낸다.

카드뮴 레드를 생동감 있고 가시적인 붓
자국으로 칠해 전경의 양귀비 꽃을
묘사하고 이어 시선을 그림 상단으로
이끈다.

EXERCISE

유화용 종이를 12등분하여 정사각형을 만들고 일정한 간격을 둔다. 각각의 작은 틀 안에 붓 자국과 텍스처 기법을 실습해 보자. 이 페이지에 제시된 예들을 실험해 본 다음 좀더 발전시켜 보자. 이런 실험의 결과들은 각각 작은 작품이 되기도 하고, 유화를 매개로 한 표현의 다양성을 보여주기도 한다. 아크릴 물감으로도 같은 기법을 실험해 볼 수 있는데, 이때는 물감이 마르는 시간이 짧은 것을 선택해 재빨리 작업해야 한다. 두 가지 재료 모두 실험해 보며 그 결과를 비교, 대비해 보자.

웨트 인 웨트(wet-in-wet) 기법은 흐릿하면서 부드러운 물감 효과를 볼 수 있다. 여기서 보여지듯이 묽은 아크릴 물감을 젖은 종이에 묻혀 찍은 후 물감이 서로 흘러 섞이게 한다. 붓에 물기를 계속 유지시킴으로써 브리슬 붓이 굳는 것을 방지하고, 동시에 붓 손잡이의 쇠테에 불필요한 물감이 엉겨 붙는 것도 방지한다.

블랜딩(blending)은 물감을 문질러 전통적인 유화 기법인 색과 톤의 자연스러운 그러데이션을 창출해 낸다. 일련의 짧고 부드러운 붓 놀림으로 한 가지 색에서 다른 색으로 자연스럽게 이어지도록 한다. 좋은 결과를 위해서 물감의 물기를 유지하는 것이 중요한데. 물기가 지나치게 많지 않도록 주의한다.

밑색 칠하기(underpainting)는 따뜻하거나 차가운 그림의 분위기와 전체적인 톤을 미리 대비시키는 것이다. 초벌 칠을 한 후 단색 또는 여러 색을 섞어 워시 처리할 수 있다. 여기에서는 카드뮴 레드를 묽게 칠하였다. 다른 경우에는 캔버스에 화이트로 밑칠을 하는 것이 색을 밝게 비춰 보일 수 있어 좋다.

분절색 효과(broken colour)는 작고 다양한 모양의 붓 자국을 문지르거나 블랜딩하지 않고 그대로 남기는 것이다. 이것은 풍경화 작업에 있어 반짝이는 빛의 효과를 나타내는 데 탁월한 기법이다. 붓을 가볍게 다루어 색이 서로 뭉개지거나 두터워지는 것을 방지한다.

임파스토(impasto) 기법으로 물감을 두껍게 바르면서 붓 자국이 그대로 남아 있게 할 수 있다. 형태에 입체감을 주고 나무의 껍질과 같은 텍스처를 모방할 수 있다.

유화나 아크릴 물감을 튜브에서 캔버스나 종이에 직접
짜서 붓이나 나이프로 다양한 변화를 주어 재미있고
가시적인 작업을 할 수 있다. 물감은 부드러우면서
진하고 두껍게 사용하고 채도가 높은 다른 색으로
서로의 표면에 섞여 들어가지 않게 물감 위로 두껍게
짜서 올릴 수 있다.

비슷한 **세 가지 색상의 물감을 섞어** 종이 위에 새로운 색과
톤을 창조해 간다. 세 가지의 다른 색으로 만들어 낼 수
있는 조합이 놀랍게도 많다는 것을 알게 될 것이다.

두 가지 색을 나이프를 이용해 섞어 본다. 나이프 날의
넓은 면으로 종이 위에 카드뮴 레드를 바르고 카드뮴
옐로를 그 위에 덮어 섞는다. 두 색이 섞인 곳에 나이프를
눌러 펜 자국과 주름진 모양을 만들어 준다.

나이프 임파스토 기법은 페인팅 나이프의 날로 밀어 내어
만든 모서리에 안료를 묻혀서 돌출된 표면을 만들어 낸다.
화이트의 자국은 나이프 날로 전체의 안료를 제거해 생긴
것이다.

나이프 작업의 혼합 기법은 나이프의 날을 돌리거나 여러
방향으로 문질러 얻어진다. 나이프를 밀며 움직이다 보면
어떤 규칙적인 표면의 패턴을 발견할 것이다.
이 생동감 있는 표면은 번트 시에나와 옐로 오커, 화이트를
이용한 것이다.

실드 컬러(sealed colour) 기법을 묽은 아크릴 물감으로
한 겹 칠한 후 실링 콘테나 파스텔 펜슬을 이용하여 번지는
느낌의 효과를 낼 수 있다. 이 효과는 연속적인 글레이즈에
활용할 수 있다.

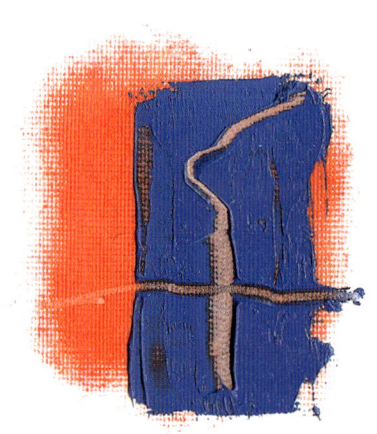

플라스틱 시트로 찍기 기법을 새롭게 얼룩진 패턴을 창조할 수 있다. 이 방법은 여러 층에 반복하여 이미지를 만들어 낼 수 있다. 종이를 말려서 혹은 물에 적셔서 찍으면 표면 전체에 더 넓게 물감을 바를 수 있다.

글레이즈와 즈그라피토(wet glazes with sgraffito) 기법은 한 색으로 워시하여 말리고, 다음 두 번째 다른 색으로 워시한 후 마르기 전에 붓의 끝 부분으로 긁어 밑의 마른 물감 층을 보이게 하는 것이다. 이 기법을 즈그라피토라 한다.

물감 흘리기 기법은 유분이나 수분이 충분이 함유된 재료를 필요로 한다. 물감이 저절로 흐르며 만드는 효과를 물감의 농도를 다양하게 조절해 가며 실험해 본다. 수채 물감이나 희석된 아크릴 물감과 달리 이 기법에서의 유화 물감은 서로 잘 섞이지 않는다.

자국 새기기로 만들어진 텍스처는 아크릴 물감인 옐로 오커에 매트 미디엄을 섞은 물감 층을 긁어 만드는 효과이다. 왼편의 점 찍힌 자국은 페인팅 나이프의 끝으로 만든 것이다. 오른편의 물감은 부드러운 천으로 닦아 내어 판넬의 질감을 보이게 하였고, 붓 손잡이의 끝으로 드로잉하여 자국을 내었다.

페인트와 모래 섞기와 같이 거의 모든 미립자의 재료를 유화나 아크릴 물감에 섞어 텍스처를 만들어 낼 수 있다. 여기 보이는 텍스처는 아크릴 물감에 모래를 섞은 것이다. 물감은 일정한 두께가 있으며 너무 마르지 않도록 한다.

모래와 즈그라피토 기법은 모래를 섞은 젖은 물감 위에 나이프나 막대 또는 다른 날카로운 재료로 긁어 더 거친 표면을 만들 수 있다. 물감의 튀어 올라온 부분이 만드는 재미있는 그림자와 굴곡 효과를 노트해 본다.

텍스처와 채색 기법을 잘 선택하여 간단한 주제를
표현해 보고, 복합적이고 흥미로운 그림을 계속
연구해 보자.

TIP

노트에 텍스처를 실험하면서 발견한 사실
들을 기록하고 실질적인 결과를 수집한다.
이런 자료는 귀중하므로 나중에 잘 활용할
수 있도록 보관한다.

왁스 드로잉
wax resist

왁스 드로잉은 아크릴화나 혼합 기법에서 단절된 텍스처를 만들어 내는 쉽고도 깨끗한 기법이다. 일반적인 것과 색이 있는 왁스는 크레용이나 양초를 만드는 데 이용된다. 이것은 변화를 주기가 쉬우며 물감을 밀어 내거나 반점이 생기게 하며, 빛의 반사를 표현하는 데 효과적이다. 또한 이 기법은 돌벽이나 빌딩의 거친 면, 나무 껍질, 거리와 길의 고르지 않은 표면의 패턴을 재현하는 데 유용하다.

물과 기름이 섞이지 않는 간단한 원리를 이용한다. 묽은 아크릴 워시를 왁스로 드로잉한 후 왁스가 묻지 않은 곳에 물감이 배어들게 하는 것이다.

왁스는 대개 단단하므로 캔버스나 캔버스 판넬의 조직에까지 완전히 스며들어가지 않고 종이의 거친 면에도 깊이 배지 않으므로 작업한 왁스를 통해 캔버스나 종이의 텍스처가 비쳐 보이게 된다. 만약 필요하다면 왁스로 그린 부분 위에 더 두껍게 아크릴 물감을 발라서 왁스를 통해 그 밑이 보이지 않게 할 수도 있다.

이 드로잉은 알갱이가 있는 텍스처를 가진 왁스 드로잉이 이미 되어 있는 혼합 재료에 대한 연습이다. 물을 많이 섞어 수채화와 같이 묽게 희석된 아크릴 물감을 사용했다. 이것은 기법적으로 페인팅과 대비되는 개념인 '라인 앤 워시(line and wash)' 기법으로, 엷은 농도의 드로잉 위에 잉크를 이용해 중요한 선을 그어 세밀한 부분을 묘사하는 것이다. 여기에 더해진 왁스 드로잉은 사실주의적 분위기를 부여하고, 안료가 고르지 않게 묻어 자칫 평평해 보일 수 있는 풍경에 생동감을 느끼게 한다

언덕이 멀리 물러 나면서 색은 흐려지고 물체들은 입체감을 잃었다. 양초 왁스로 물결치는 선을 그려 언덕의 굴곡을 표현했고, 이 부분을 흐릿하게 보이게 하였다.

크레용의 끝으로 만들어진 반점들이 나무의 풍성함을 묘사하고 있다. 이 기법은 햇빛이 일정하게 드는 나무의 꼭대기를 효과적으로 묘사하였다.

땅과 하늘이 가장 근접한 톤을 보이고 두 부분 모두에 왁스 드로잉을 사용하였다.

오두막의 지붕은 강한 세로 패턴으로 강약이 조절된 크레용의 왁스 작업으로 표현하였다.

잉크로 외곽선을 그린 큰 돌덩이를 양초의 넓은 면으로 그려 채워 넣었다.

화이트 크레용으로 간헐적으로 문질러 부드럽게 물결치는 풀밭의 텍스처를 묘사하였다.

분절색 기법
broken colour

물감이 가진 가능성을 충분히 살리는 데 있어 빛의 전달력은 매우 중요하다. 이는 얇은 글레이즈를 통하거나 캔버스 표면에 물감 안료가 묻지 않은 작은 틈에서 반사되어 생긴다. 이것을 얻기 위해 분절색 기법을 사용한다. 이 기법은 캔버스나 종이 위에 붓 자국으로 여러 가지 색을 섞어 표현하는데, 짙은 색의 대비를 만들어 최대의 효과를 볼 수 있다.

시각적 혼합

초기의 프랑스 인상주의 화가들은 남지중해의 강렬한 햇살을 담아 내기 위해 분절색 기법을 사용하였다. 반짝이는 효과를 얻기 위해 색을 섞거나 문지르지 않고 순수한 색 그대로를 화면에 두드려 작업을 했다. 어느 정도 거리를 두고 그 작업을 보면 우리의 눈에는 두 가지 색이 섞여 제3의 색으로 보인다. 이러한 '시각적 혼합' 또는 '분절색 기법'은 유화와 아크릴화 모두에 널리 사용되고 있다. 안료는 젖은 붓이나 마른 붓 모두에 사용이 가능하고, 문지르거나 점을 찍거나 하는 여러 종류의 붓 작업도 가능하다.

이른 아침 도시의 하늘

프랑스 화가들이 태양의 뜨거움을 1차색의 불타는 색감으로 기록해 낸 것과는 반대로 많은 북유럽 화가들은 북부 지역의 약한 태양 빛을 절제된 스타일로 표현하였다.

풍부한 표현력을 가진 독일 화가 오스카 코코슈카(Oskar Kokoschka, 1886~1980)는 신표현주의의 촉매 역할을 하였다. 그는 이미지를 만드는 데 있어 좀더 은은하고 조화로운 톤을 선택하였는데, 바이올렛의 원색과 선명하지 않게 외곽을 처리하는 작업을 고수하였다.

이 도시의 하늘은 코코슈카의 색감을 반영하고 있다. 유화로 처리된 분절색의 조화는 돼지털의 납작 붓과 휠버트를 사용하여 넓은 면 처리를 하였고, 핑크와 바이올렛, 그린빛의 그레이와 탁한 블루, 진주빛 화이트를 사용해 이른 아침 안개에 휘감긴 고층 빌딩의 분위기를 잘 표현하고 있다.

밑칠하지 않은 캔버스의 화이트가 물감 사이사이로 보인다. 비리디언 그린, 바이올렛, 옐로 오커와 울트라마린 블루의 넓고 긴 붓 자국이 합쳐져 밝은 블루 빛의 그레이를 만들어 내었다.

캔버스에 화이트가 칠해지지 않은 채이지만, 강한 직사광선에 의해 타워 벽 면의 탈색된 부분이 이를 묘사해 주고 있다. 세로 방향의 마른 옐로 오커와 울트라마린 블루의 붓 자국이 화이트의 캔버스 위에 그려지면서 건물의 따뜻함과 표면의 텍스처를 살리고 있다.

이 그림에서 가장 세밀하게 묘사된 부분이다. 이 부분에는 분절색 기법이 적게 나타나 있고 바이올렛과 블루를 두껍게 발라 캔버스의 화이트가 많이 보이지 않게 한 특징이 있다.

다양한 길이와 방향으로 붓 자국을 냄으로써 전체 화면의 정지 동작을 줄이는 대신 생동감이 있게 하였다.

즈그라피토
sgraffito

여러 종류의 단단한 도구, 붓 손잡이의 끝이나 나이프, 사용하지 않는 크레딧 카드의 모서리, 또는 간단하게는 손톱을 사용해 아직 마르지 않은 물감 위를 긁으면 그 밑의 마른 물감 층을 드러낼 수 있다. 마른 물감이라 하더라도 나이프나 면도날 같은 날카로운 것으로 긁으면 더욱 세밀한 선을 나타낼 수 있다. 하이라이트와 텍스처는 이 기법으로 한층 은은하게 표현된다. 이 기법을 즈그라피토라 하며, 이는 이탈리아어로 '긁어 낸다'는 의미이다.

드뷔페 따라잡기

물감 레이어인 경우, 밑에 감추어졌던 색이 위로 비춰 올라오면서 흥미로운 결과를 가져올 경우가 있다. 아마추어 화가들의 열정적인 창작성에 대한 연구로 유명한 프랑스 화가 장 드뷔페(Jean Dubuffet, 1901~1985)는 파리의 한 빈민가를 지나다가 온 벽에 그려진 벽화에 매료되었다. 이러한 아마추어들의 가공되지 않은 예술과 경쟁하듯 드뷔페는 밀도 있게 유화 물감의 여러 레이어를 만든 후 긁어 내고, 또 그 위에 물감을 흘리거나 얼룩을 만들어 마무리하는 작업을 하였다. 그가 만들어 내는 드로잉은 어린아이들의 그림같이 순수하며 다듬어지지 않은 맛이 있어 작품에서 작가의 에너지를 고스란히 느낄 수 있다.

부드러운 톤
나이프의 날을 세워 여러 겹 반복하여 긁어 냄으로써 한 줄의 스크래치보다 더욱 부드러운 효과를 낸다.

지그재그로 선 긋기
얇게 칠해 건조된 물감 위를 날카로운 것으로 긁어 내어 흰색을 드러낸다. 페인팅 나이프의 얇은 모서리가 상당히 가늘고 섬세한 이미지를 만들어 낸다. 이는 즈그라피토 기법 중 하나이며 물감 층보다 밀도가 적다.

연속된 선
같은 폭을 유지하면서 여러 줄로 나열한 가로 줄 긋기로 골고루 균형을 이룬 톤을 만든다.

사포로 문지르기
마른 물감 위를 사포로 문질러 분절된 텍스처를 만들어 내어 바람이 부는 듯한 느낌을 표현하는 데 효과적이다.

은은한 효과
나이프를 45도 각도로 기울여 판넬 위를 긁어 내면 이런 효과를 볼 수 있다. 이런 효과를 더 많이 보려면 번트 엄버를 더 긁어 내면 된다.

색 발견
보드 위에 여러 색의 유화 물감을 칠한 후 번트 엄버로 글레이즈한다. 마른 후 조각도를 이용해 부드럽게 밑색을 긁어 내어 보자.

오일 페인트 스틱

오일 페인트 스틱은 전통적으로 견고하고 풍부한 효과로 스케치 효과를 극대화할 수 있으며 사용하기에도 편리한 도구이다. 이것은 작아서 휴대하기가 편리하고, 파스텔 같은 모양에 오일과 함께 굳혀져 있어 처음 작업 후 몇 시간 동안 계속 작업이 가능하다. 비교적 최근에 개발된 오일 페인트 스틱은 오일 파스텔과 유화 작업과의 간격을 좁혀 주는 역할도 한다. 순수한 안료와 정제된 고급 오일, 왁스 바인더를 섞어 만든 오일 페인트 스틱은 드로잉과 페인트 미디엄으로 사용되는데, 나이프나 붓으로 손질되거나 손으로 그어 직접 그 효과를 낼 수도 있다.

다양성과 편리함

오일 스틱은 유화 물감과는 다르게 사용의 편리함을 장점으로 들 수 있다. 이는 유동성이 있는 재료로서 밑작업이 된 것이나 그렇지 않은 캔버스 모두와 하드보드지, 다양한 종류의 천과 종이의 표면에 사용이 가능하다. 바닷가 풍경의 연구를 통해 이 재료의 다양성을 알아보자.

오일 스틱으로 작업한 것을 서로 섞을 때는 손가락을 이용하는 것이 가장 쉬운 방법이다. 붓이나 나이프를 이용하면 또 다른 효과를 볼 수도 있다. 특별히 투명하게 바닥이 비춰 보이는 미디엄을 섞어 사용한다면 색깔 위에 반짝이는 효과를 더할 수 있다. 테레핀이나 화이트 알코올을 더하면 액체 효과를 증가시킬 수 있다. 알코올에 스틱을 담가 그 끝을 녹여 그리면 단절된 표현의 선을 물감과 같은 스타일로 드로잉하기에 적합하다.

TIP

오일 스틱을 사용하지 않고 그대로 놔두면 오일이 마르면서 그 끝에는 플라스틱 같은 막이 형성된다.

여기에 즈그라피토가 사용되었는데, 이 기법으로 어부의 작업과 생활에 관련된 도구들의 묘사가 가능하다. 생선 상자의 외곽선은 두껍게 칠해진 물감을 긁어서 표현한 것이다.

테레핀으로 희석된 하늘 색은 돼지털 납작 붓으로 부드럽게 워시 처리하였다.

TIP

마르는 시간은 습도와 온도에 따라 달라진다. 유화 물감을 사용한다면 오일 페인트 스틱으로 밑칠을 할 수 없다. 이는 유화 물감에 고무 성질이 더 많이 함유되어 있어 작업이 마르면서 위층의 물감을 갈라지게 할 수 있기 때문이다.

카드뮴 옐로와 카드뮴 레드는 손가락과 붓으로 블렌딩되었다.

이 표면은 흔히 볼 수 있는 오일 파스텔 기법을 사용해 강한 드로잉으로 표현하였다.

오일 페인트 스틱을 테레핀에 담가 직접 캔버스에 그려 단절 효과와 함께 젖은 것으로부터 마른 재료까지 다양한 작업 효과를 내었다.

모노프린트
monoprinting

만약 당신에게 영감을 줄 만한 주제나 대상을 아직 찾지 못했다면 모노프린트를 시도해 보자. 이것은 빠르고 쉬우며 텍스처와 얼룩과 붓 자국, 불투명한 색깔 층의 색다른 언어 등을 제공함으로써 이를 통해 당신의 상상력은 자극을 받을 수 있을 것이다.

모노프린트는 회화와 간단한 판화 기법을 혼합해 놓은 것이다. 기본적인 모노프린트는 종이의 절반에 물감으로 작업을 한 후 나머지 반을 접어 빈 공간에 그림을 찍어 내는 것이다. 또 한 방법으로는 표면에 구멍이 없는 유리나 금속 또는 퍼스펙스(perspex) 같은 재료 위에 이미지 작업을 한 후, 그 위에 종이를 덮어 손이나 롤러 혹은 숟가락의 둥근 면으로 문질러 이미지를 찍어 내는 것이다. 유화가 이 기법과 잘 맞는데, 이는 유화의 마르는 시간이 느린 만큼 이미지 작업에 좀더 시간을 들일 수 있기 때문이다. 아크릴 물감으로도 이 기법의 효과는 낼 수 있다.

또 다른 방법으로 널판 위에 얇고 고르게 물감을 한 겹 칠한 후, 그 위에 종이를 덮어 연필이나 다른 뾰족한 것으로 드로잉을 한다. 드로잉으로 묘사된 선만 프린트되며, 가끔은 우연히 만들어진 얼룩이 그려진 이미지와 어우러지기도 한다. 다른 한편으로 롤 아웃된 물감으로 직접 이미지를 그리기도 한다. 이 경우, 네가티브 필름과 같이 그려진 곳은 화이트로 보이게 된다. 일단 작업이 끝난 모노프린트라 하더라도 만약 필요하다면 그 위에 물감을 더 바를 수 있고, 오일 파스텔 같은 드로잉 미디엄으로 그 위에 작업을 더하여 한 차원 높은 완성을 볼 수도 있다.

이 작은 모노프린트는 석양이 가득한 풍경의 맛을 잘 살려 내었다.

TIP

원한다면 여러 층의 프린트를 할 수 있지만 세 가지 이상 다른 색이 섞이면 탁하고 지저분해 보일 수가 있다.

햇빛을 받은 아치

이 일련의 판화에는 퍼스펙스가 사용되었으며, 이 작업에는 여러 가지 판화 기법이 동원되었다. 여러 다른 색으로 각각의 층을 형성하고, 리소그래피와 실크스크린 기법을 더하였다.

그리스에서 본따 온 간단하고 고전적인 아치 형태를 기본으로 한 깨끗하고 견고한 커브를 이 작업의 중심 포인트로 잡았다. 배경은 그것과 대비를 이루도록 자유로운 물감의 유연성을 살린 붓 작업으로 모노프린트의 매력과 장점을 살려 이미지를 마무리하였다.

아치 모양을 얇은 카드지에 그린 후, 스텐실과 같이 오려 낸다. 이것을 판 위에 정렬하고 블루 유화 물감을 그 위에 두껍고 자유롭게 칠한 후, 스텐실의 가장자리를 둘러 바른다. 적신 카트리지 종이를 그 판 위에 올린 후 압력을 주어 물감이 종이에 묻게 한다.

스텐실을 조심스럽게 떼어 내어 가장자리를 희고 깨끗하게 남긴다. 다음으로 옐로 오커를 이용해 스텐실 하고 롤러로 부드럽게 물감을 바른다. 종이 위에 공간 배치를 잘하고 두 번째 색깔을 눌러 찍어 낸다.

스텐실을 오려 내어 실제 크기보다 작게 만들고 프린트되지 않은 얇은 실버를 남겨 놓아 3차원적인 아치 효과를 만든다. 다른 스텐실을 잘라 레드로 찍어 낸다. 이것이 전체 화면의 오른쪽에 프린트됐을 때 블루 바탕과 부분적으로 섞여 보이게 된다.

판에 남은 물감의 잔여분으로 신비한 형태가 만들어진다. 적어도 한 번은 찍어 낼 수 있을 만큼의 물기가 남아 있게 되고, 이것은 조금 탈색되어 보이지만, 끈적거리지 않으며 그 형태가 정확하게 남는다.

혼합 재료

유화나 아크릴 물감의 전통적인 사용법을 벗어나 마르거나 젖은 다른 미디엄을 섞어보고 재료의 새로운 영역을 개척하는 것은 흥미있는 일이다. 혼합 재료란 유화나 아크릴과 혼합 가능한 거의 모든 재료를 포함한다. 그 표면에 작업을 하는 데 있어 안료나 연필에만 재료를 국한시킬 필요는 없다. 텍스처의 층과 대비를 이루기 위해 묽은 글레이즈로 색깔 레이어를 만드는 데 아크릴이나 유화 물감을 칠한 티슈 페이퍼를 사용할 수 있다.

이 페이지에 제시된 혼합 재료의 다양함을 실습해 보고 양면으로 열리는 스케치 북 같은 곳에 개인적인 기법을 연구하고 발전시켜 그 결과를 참고할 수 있게 한다. 두 가지나 그 이상의 재료를 혼합할 경우 각각 다른 재료의 특성이 드러나 보인다. 당신이 가진 견본으로 이것을 실험해 보자. 새로운 조합들은 그 자체만으로도 흥미롭지만 어떠한 특정한 표면 효과나 텍스처를 표현할 때는 이러한 구성에 새로운 의미를 부여하게 된다. 혼합 재료로 이미지를 만들 때

는 이것이 주는 유동성이 매우 중요한 역할을 하게 된다. 아크릴이 여러 다른 재료를 혼합하는 작업에 있어 가장 기본이 되는 매체가 된다. 이는 아크릴이 두껍게 발라지면 밀도가 적어 보이나 건조가 빠르며 단단한 플라스틱의 표면을 만들어 내는 장점이 있기 때문이다. 유화 물감은 오일을 기반으로 하는 매체이므로 유동성이 적어 이와 같은 작업에는 부적합하다.

사선으로 그어진 색연필 위에 티슈 페이퍼를 붙여 표현하였다.

색연필로 섬세하게 그리고 아크릴 물감으로 한 부분을 진하게 칠함으로써 흥미로운 텍스처의 대비를 만들었다.

거칠게 찢은 종이를 한 줄로 늘여 붙이고 묽은 아크릴 물감을 반대 방향으로 칠해 밑의 종이가 비춰 보이게 하였다.

티슈 페이퍼로 아크릴 물감을 묻혀 찍거나 다양한 변화를 주었다.

부분적으로 풀칠을 한 두꺼운 종이에 물감을 칠하여 실로 펜 듯한 효과를 내었다.

수성 색연필로 연속적인 띠를 그리고, 그 위에 아크릴 물감을 이용하여 물기어린 얼룩을 내었다.

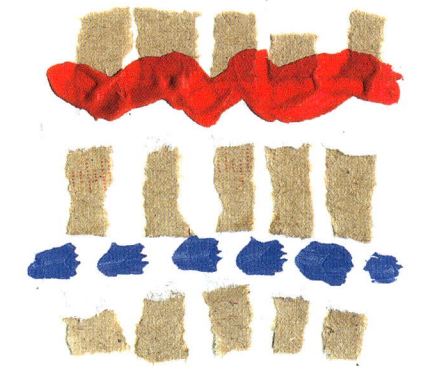

찢은 종이와 아크릴 물감을 이용한 새로운 패턴을 만들어 내었다.

왁스 크레용으로 그린 후 희석한 아크릴 물감을 위에 칠하여 왁스 드로잉 효과를 내었다.

아크릴 물감을 두껍게 바른 후 찢은 종이를 그 위에 눌러 종이 사이로 흘러나오는 물감으로 효과를 내었다.

프로타주(frottage) 스타일로 텍스처가 있는 표면을 왁스 크레용으로 문지른 후 그 위에 아크릴 물감을 두껍게 발랐다.

PVA 글루로 끈을 표면에 붙인 후 그 위에 아크릴 물감을 더하였다.

희석시킨 물감이 번진 웨트 인 웨트 기법 위에 아크릴 물감으로 두껍게 임파스토하였다.

PEPPER
PEBER
PFEFFER
PEPPAR
PEPE
POIVRE
PIMIENTA
الفلفل

표현을 위한 도움

혼합 재료를 많이 이용할수록 당신은 이 기법의 숨은 가능성을 발견해 낼 수 있을 것이다. 다양하고 흥미있는 재료와 사물을 이용한 작업은 이미지 제작 기술을 높이고 작업 주제의 발전을 가져올 수 있다. 어떤 재료들은 그림에 직접 붙여져 그림이 묘사하고 있는 오브제를 대신하기도 한다. 예를 들어, 텍스처가 있는 두꺼운 종이는 나무의 질감을 완벽하게 재현할 수 있는 반면 페인팅으로 묘사함으로써 오히려 그 효과를 반감시키는 경우가 될 수 있다. 물감과 다른 재료들이 겹치고 서로 반응하는 방식은 혼합 재료를 이용한 그림에 중요한 요소이며, 그 결과는 언제나 흥미롭고 예측이 불가능하다.

물고기와 레몬이 있는 혼합 재료의 구성

비어 있는 캔버스를 보며 무엇을 칠할까 고민하지 않아도 된다. 이 작품은 글씨가 찍혀 있는 종이 상자의 한 면을 그림의 왼편 아래에 붙이며 시작되었다. 위와 아래, 그리고 주변에 색깔 판넬이 만들어졌는데, 마치 서로가 맞물린 퍼즐처럼 보인다. 강한 블루와 레드 색상은 블랙의 글자와 만나 새로운 시각 효과를 가져 온다. 점 찍힌 티슈 페이퍼는 〈부엌의 정물화〉라는 작품의 주제에 영감을 부여한다. 규칙적인 패턴을 가진 이 종이는 그림의 절반을 차지하며 중요한 역할을 하는데, 그림의 기반이 되는 이 화이트의 티슈 위로 점차 레이어를 쌓아 가기 위해서이다. 묽은 워시와 색연필로 종이의 흰 부분을 한층 부드럽게 하며 사각형 위주의 구성에 통일성을 주고 있다.

물고기의 몸통 모양으로 종이를 오려 내어 물고기의 패턴을 모방한 프린트를 더하였다. 물기 있는 코발트 블루의 아크릴 물감을 사용해 플라스틱 표면에 거친 붓질을 하고 그 위에 종이를 덮었다 떼어 내어 축축하고 거품이 이는 듯한 물고기의 표면을 묘사하였다.

옐로 오커의 반투명한 워시로 레몬을 색칠해 점 찍힌 패턴이 비춰 보이게 하였고, 프러시안 블루를 사용하여 과일의 밑에 그림자를 그려 3차원적인 공간감을 이끌어 내었다. 소금과 후추통은 글자 프린트의 리스트를 이용해 외곽선을 처리하였는데, 이는 소금과 후추를 의미하는 여러 외국어이다.

문제 해결

아크릴과 유화 물감 등 다양한 재료에 숙달되고 캔버스나 판넬, 종이 등의 준비 작업도 꼼꼼히 마쳤음에도 불구하고 실제로 작업을 진행해 보면 계획대로 되지 않을 때가 종종 있다. 이를 긍정적으로 생각하면, 당신이 평범한 방식을 이용하여 평범하지 않은 기법에 사용되는 텍스처를 만들 때 일어나는 낯선 결과일 수 있다. 이러한 경우라면 작업에는 비록 실패했다 하더라도 그 과정을 통해 사용된 재료에 대한 새로운 발견을 하게 된 것이다.

작업에 익숙한 화가나 전문가라도 경우에 따라서는 작업에 사용되는 재료들이 제대로 반응하지 않아 작업에 오류가 생길 수 있다. 이는 요리를 하는 것과 비슷하다. 요리를 할 때는 요리책에 나와 있는 대로 재료의 균형을 맞추는 것이 매우 중요한데 소량을 요구하는 어떠한 내용물을 너무 적거나 혹은 너무 많이 넣었을 때 그 요리는 실패로 돌아갈 수밖에 없는 것과 같은 이치이다.

재료의 사용법에 따라서 작업을 하다가도 재료의 양을 잘못 판단하였거나 준비 작업이 제대로 되지 않은 상태에서 작업을 시작했을 경우에는 부분적으로나마 그 결점을 보완할 수 있다.

유화 물감의 갈라짐

캔버스의 밑작업을 하고 틈새를 메운 후 유화 물감으로 두껍게 임파스토 작업을 하면서 마르는 시간을 줄여 주는 미디엄을 섞었다. 하지만 유화 물감은 미디엄을 섞은 양만큼만 마르고 물감이 갈라지는 결과를 낳았다. 그렇다 하더라도 당황하지 말라. 밑작업이 되어 있는 표면에 부착된 물감은 안정적으로 캔버스에 남아 있을 수 있기 때문이다.

오래된 그림에 생기는 균열과 같이 미세한 선으로 연결된 균열은 오히려 오래되어 중후한 분위기를 내는 데 긍정적 역할을 한다. 이는 단지 물감이 두껍게 발라져서 생기는 효과만은 아니다. 만약 작업에 사용된 기름이 매우 묽었다면 그 밑층에 있던 물감이 갈라져 부서지는 경우가 있다. 이것이 부서져 떨어지지 않게 하기 위해서는 유연성이 있는 봉합제나 유화 물감에 배니쉬를 적당히 칠해 주는 것이 좋다. 만약 물감이 여러 층으로 되어 있을 경우 이것은 분절 효과를 나타낼 수 있다.

이러한 균열 효과를 만들어 내기 위해서 팻
오버 린을 반대로 한 린 오버 팻 기법을 사용할
수 있다. 위층에 칠해진 물감의 유연성을 적게
하여 전체적으로 균열이 있게 한 후 배니쉬를
칠해 그 균열을 유지케한다.

아크릴 물감으로 조각 메우기

아크릴 물감은 매우 유연하여 갈라지는 일이 극히 드물다. 그러나 접착성이 매우 강하고 빠른 시간 내에 마르므로 잘 못 칠한 곳을 수정하기가 쉽지 않다. 보통의 경우에는 물감을 위에 덧칠하여 수정이 가능하지만 만약 임파스토 기법을 사용한 표면인 경우 텍스처가 강하게 살아 있어 나머지 부분에 동일한 텍스처를 유지하기가 어렵다. 이런 경우 그 부분을 잘라 내고 새로 붙여 보충해야 한다. 이렇게 새로 붙이는 부분에 아크릴 물감을 두껍게 칠하면 그 이음새가 보이지 않게 된다.

아크릴 물감으로 작업하여 건조시킨 후 고쳐야 할 부분을 발견되었다. 우선 물감을 덧칠해 고쳐 보도록 한다. 이 방법으로 문제를 해결할 수 없을 경우도 있는데, 이는 먼저 칠한 형태나 텍스처가 강하여 덧칠한 위로 비춰 보일 수 있기 때문이다.

이 문제를 개선하기 위해 칼을 이용해 문제의 영역을 조심스럽게 도려 낸다. 이때 주위의 다른 부분에 손상이 가지 않도록 주의한다.

색이 칠해지지 않은 종이나 보드를 도려내진 부분의 뒤에 대어 붙인다. 고급 마스킹 테이프로 뒷면을 고정시킨다. 이제 그 위에 재작업을 한다.

유화 물감 긁어 내기

유화 물감의 장점은 마르는 시간이 느리다는 것인데, 자신이 이러한 부분에 만족하지 못하거나 유화 그림 전체를 고치기 원한다면 팔레트 나이프로 손쉽게 물감을 긁어 낼 수 있다. 긁어 낸 부분은 테레핀을 적신 천으로 닦아 낸 후 그 위에 다시 물감 작업을 하면 된다. 고쳐야 할 부분을 새로운 기법을 발전시킬 기회로 삼으면서 오히려 이 과정을 통해 원본 작업 구성에 깊이감을 더할 수 있다.

전체의 색을 완전히 긁어 내는 것은 어려운 일이다. 긁어 낸 부분에 남아 있는 것을 재작업의 밑색으로 활용한다.

긁어 낸 부분에 새롭게 두꺼운 물감 층을 형성하여 흥미로운 대비와 혼합의 효과를 끌어 낸다.

다양한 붓 작업으로 여러 층의 레이어를 만들어 보고 그 과정에서 생긴 텍스처를 비춰 보이게 한다.

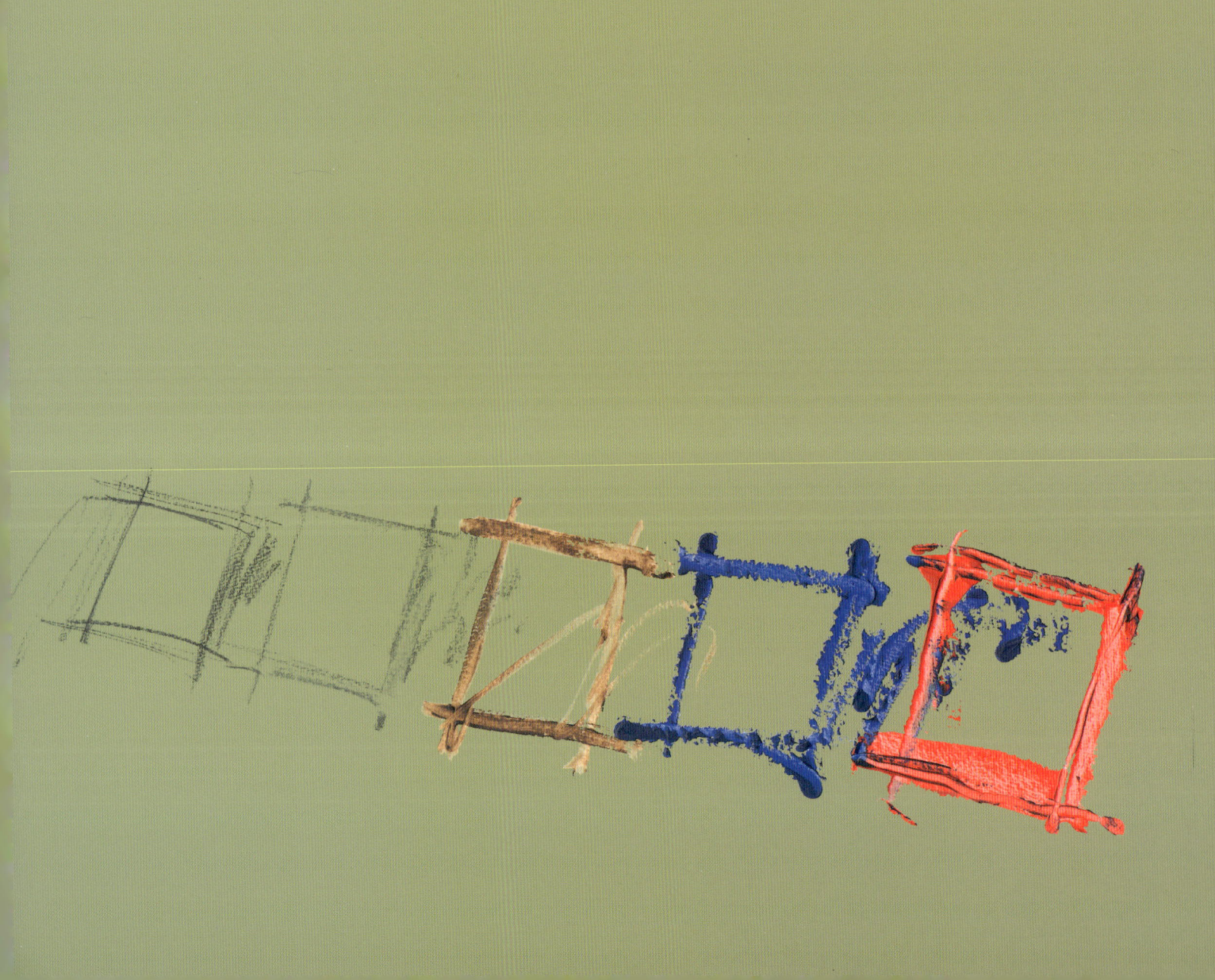

작업하기

Making pictures

작업 공간 준비하기

일상의 반복과 방해를 피해 그림을 그릴 공간을 준비하는 일은 매우 중요한 일이다. 모든 사람이 자연광이 드는 넓은 방이나 스튜디오를 갖기는 어려울 것이다. 그러나 작업하기에 편안하고 빛이 들고 잘 정돈되어 있으면 작업 공간으로는 충분하다. 그리는 도구와 물감, 그 외에 필요한 물품들은 적절히 정돈하여 보관하는 것이 작업을 하는 데 효과적이다. 만약 작업 스튜디오를 꾸밀 만한 공간을 마련했다면 무엇보다도 먼저 어느 곳에 어떻게 작품을 보관할 것인지부터 정한다. 공간의 상태를 고려하여 깔끔하면서도 색다른 분위기를 조성하여 작업하기가 자유롭게 꾸며 보도록 한다.

드로잉 물품과 붓의 보관

비슷한 재료들끼리 묶어서 함께 보관할 것과 떨어뜨려 놓아야 할 것을 분간하도록 한다. 예를 들어, 목탄을 연필과 함께 보관하면 연필에 목탄이 묻어 더러워지고 그로 인해 자신의 손과 그 주위가 더러워질 것이다. 목탄을 뚜껑이 달린 작은 상자에 넣어 보관하면 부러지는 것을 방지할 수 있다. 파스텔을 마른 쌀과 함께 상자에 담아 서로를 분리시켜 놓으면 서로 색이 섞이는 것을 효과적으로 막을 수 있다. 여러 색의 펜이나 색연필은 열린 병이나 단지에 꽂아 둠으로써 색을 쉽게 분별하여 사용할 수 있다. 붓을 보관할 때는 반드시 털이 위로 향하게 하고 물감을 완전히 씻어 내야 붓의 수명을 유지할 수 있다. 사용 후 붓을 물이나 테레핀에 완전히 담가 씻고 천에 닦아 낸 후 비누를 묻혀 흐르는 물에 씻어 내도록 한다. 마지막으로 깨끗한 물에 잘 헹군 후 붓털이 위로 향하도록 병에 꽂아 말린다.

물감의 보관

물감을 종류대로 나누어 보관하는 것은 개인의 취향에 따라 다르다. 한 친구는 물감을 색상과 명도의 순으로 분류하여 보관한다. 이는 보기에도 좋고 그 사람이 가진 작업 방식과도 잘 맞는다. 최근 유명한 영국 화가인 프란시스 베이컨(Francis Bacon, 1909~92)은 붓과 헝겊 조각, 물감들을 무더기로 나누어 작업실 바닥에 놔둔다. 그리고 작업을 하는 것으로 알려졌다. 그러나 그의 순수하고 에너제틱한 캔버스를 보면 그가 작업에 착수할 때 얼마나 절제하면서 임하는지, 그리고 얼마나 많은 훈련을 거쳐서 그러한 회화 작업을 해내는지 알 수 있다.

사용하지 않는 물감은 깡통이나 서랍에 넣어 보관하고 필요할 때마다 꺼내어 쓰는 것이 가장 좋은 방법이다.

TIP

사용 후 물감의 뚜껑을 반드시 닫도록 한다. 만약 뚜껑에 물감이 굳어 열리지 않을 경우 뜨거운 흐르는 물에 흘러 나온 물감을 제거한다. 다시 뚜껑을 닫으며 남아 있는 물감이 없는지 잘 확인하도록 한다.

종이의 보관

종이를 보관하기에는 건축가의 설계 책상이 가장 좋으나 이는 비싸고 공간을 많이 차지하는 단점이 있다. 다른 방법으로는 건조하고 먼지가 없는 장소를 찾아 종이를 펼쳐 보관하거나 직사 광선이 없는 찬장이나 선반 따위를 이용하면 좋다. 습기나 물기가 있으면 종이가 우그러지거나 울퉁불퉁해질 수 있다는 것을 잊지 말아야 한다. 수채화 종이는 특히 물기에 민감한데, 물이 묻으면 종이가 쉽게 훼손된다. 이렇게 된 부분은 브라운으로 변하며 작업시 물감이 잘 묻지 않는다.

캔버스와 판넬의 보관

물기나 습기가 있으면 캔버스나 나무 판넬은 휘거나 구부러지게 된다. 이들은 건조한 곳에 세워서 보관하도록 한다. 50㎜×25㎜ 크기의 각목으로 간단한 보관함을 만드는 것도 좋은 방법이다. 빨래 건조대나 와인랙 따위로 그림 건조대를 대신할 수도 있다.

조명

적절한 조명은 작업의 생명과도 같다. 자연광이거나 이와 흡사한 조명 없이는 좋은 색을 만들어 낼 수가 없다. 조명은 한결 같아야 하고, 밝은 햇살이나 강한 그림자로 인한 변수가 있어서는 안 된다. 북반구에서는 북쪽을 향한 창에서, 남반구에서는 남쪽을 향한 창에서 들어오는 빛이 일정하여 작업에 적당하다. 해가 직접 드는 방에서 작업을 해야 한다면 얇은 면으로 된 망사 커튼이나 거즈로 창을 한 겹 가려 직사 광선을 피하는 것이 좋다. 해가 진 후에는 햇빛과 같은 효과를 내는 전구나 자연광과 흡사한 형광등 밑에서 작업하는 것이 좋다. 이들은 투명하며 블루의 유리로 되어 있어 표준 조명등과 같은 효과를 갖고 있다.

작업 구상하기

아무리 경험이 많은 화가라도 그저 한자리에 앉아 순간적으로 좋은 작업 결과를 얻어 내기란 극히 드문 일이다. 좋은 작업은 적절한 기법과 그것에 알맞는 소재를 찾아가는 과정에서 만들어진다. 회화 작업은 의도를 가지고 조심스럽게 계획하고, 작업이라는 정제된 과정을 거쳐야 한다. 합리적이고 순차적으로 시각적 문제들을 해결해 가는 과정에서 이것들은 하나로 어우러지게 된다. 그 결과로 그림이 완성된다. 완성된 작품은 자신이 목표했던 것을 드러내는데 작업이 진행되어 갈수록 완벽하게 드러나게 된다.

스케치하기와 사진 찍기

무엇인가를 직접 기록하여 남기는 것은 작업을 구상하는 데 핵심이 된다. 가능하다면 관찰한 장면을 빠른 스케치로 눈에 익히는 것부터 시작하자. 만일 시간이 없거나 날씨가 좋지 않아 이것이 불가능하다면 카메라를 사용해 보자. 스냅 샷은 간단한 스케치를 대신할 수 있다. 양면 스케치 북을 이용하여 흔적을 남기는 방식을 개발해 보고 그림의 흐름을 좋아 아이디어를 구체화시켜 보자. 사진에 표현된 색에 너무 의존하지 말고, 자신이 관찰한 장면의 색을 노트해 놓는다.

동네 시장을 보고 그 광경의 여러 컷으로 스케치하자. 그 컷은 많은 아이디어와 함께 최종적인 작업을 계획하는 데 많은 도움을 줄 것이다. 이 그림은 초기 스케치의 영감을 유지하고 있으며, 그곳에서의 경험을 기반으로 하여 계획적이고 활기차게 완성되었다.

흥미를 일으키는 활동을 찾아 스케치를 시작한다. 이 스케치에서 나는 꽃단에 둘러싸인 몇몇 사람들의 움직임을 그렸다. 종이 위에 수성펜으로 그리는데, 포인트만 잡아 표현하면서 점차 그림의 왼편에서 중앙으로 시선을 이동시켰다. 그 위에 물을 이용하여 톤의 변화와 함께 펜이 번지는 효과를 내었다. 주변의 묘사가 필요하여 그림의 배경으로 꽃과 줄기를 스케치하였는데, 나머지 부분은 관람자의 상상으로 채워질 수도 있다.

연필과 아크릴 물감을 이용하여 빠르게 구성한 이 연작의 연구는 무엇보다도 톤과 색을 균형있게 표현하는 데 도움이 될 것이다. 나는 시원하고 묽은 색과 톤을 사용하여 처음의 잉크 스케치의 순간적인 느낌을 유지하기로 하였다. 희미한 주위의 색에 이어 중앙의 인물을 위해 더 강한 색을 사용하여 주제를 표현하였다.

좀더 발전된 뒷면의 줄무늬 장식이 흥미롭다. 부드럽고 자연스러운 나무들과 성공적인 대비를 보이고 꽃을 고르기 위해 구부리고 있는 사람을 한층 돋보이게 하는 결과를 얻었다.

빨간 모자에 스카프를 두른 한 여인이 두드러지게 묘사되어 부분적으로 옐로 오커와 블루 그레이의 아크릴로 표현된 넓은 붓 자국의 배경의 움직임과 상당한 대비를 불러일으킨다. 크기의 대비는 공간의 깊이를 더욱 증폭시킨다.

이것은 완성작인데, 먼저 스케치해 놓은 형상을 확대하여 발전시켰다. 묘사를 첨가하고 배경에 있는 사람들의 색깔을 조절하였다. 끊임없이 움직이는 듯한 느낌은 다리와 그에 연결된 길고 직선적인 그림자의 효과 탓이다. 행인을 엇갈리게 배치하는 것 또한 움직임의 환영을 더하여 줌으로써 중앙에서 주변으로 시선을 강하게 이끌어 낸다.

작업 시작하기

작업을 시작하기에 앞서 조정이 필요하다. 한번에 걸작을 기대하지 말고 현재 가지고 있는 기술로 실현 가능한 목표를 세우자. 걸작을 창작해 내는 일은 아직 먼 꿈일 수 있지만 흥미로운 이미지를 선택한 후 계획을 완벽하게 세우고 색과 형태에 감각적인 손 놀림이 가미된다면 훌륭한 작품을 만들어 내는 시작점은 될 수 있다. 위대한 화가들도 영감과 재능만으로 창작 활동을 하는 것은 아니다. 그들도 다른 사람들처럼 여러 요소들의 조합, 특히 자기의 기술을 오랜 시간 연마하여 얻어 낸다. 이 책에서 이미 다루었던 기법을 연구하면서 작업을 시작해 보자.

매일 혹은 매주 일정한 시간을 내어 꾸준히 실습해 보자. 이것은 음악가가 음계를 익히듯 여러분의 발전을 위한 기반이 되기 때문이다. 작업의 진행에 있어 좋은 기법과 기술은 매우 중요하다. 숙련된 기술을 가짐으로써 개인적인 스타일은 빨리 발전하게 된다. 매일 10분씩 실습하는 짧은 시간에도 놀랄 만큼 많은 향상을 얻을 수 있다. 이렇게 꾸준히 하는 것이 중요한데, 이는 초보자나 전문가 모두에게 해당된다. 여러분의 창의성을 적절히 소통시킬 수 있도록 그에 알맞은 재료를 선택하는 것은 자신의 자유이다. 작업의 진행에 따라 만족감을 가지는 것은 여러분에게 자신감을 불어넣어 줄 것이다. 완벽하게 그림을 그리는 날을 기다리지 말라. 그러한 날은 결코 오지 않는다. 좋은 날씨, 즉 일정한 햇살과 완벽한 구성 요소는 한 장소에서 단번에 발생하지 않기 때문이다.

간단한 주제 고르기

나는 이 주제가 단순해서 작업을 결심했다. 먼저 휴대용 이젤과 드로잉 보드를 설치하고 10분 정도 눈앞의 풍경을 바라보면서 앞으로 어떻게 작업을 해나갈 것인지부터 구상하였다. 풍경화를 위한 자연스런 형태는 가로로 된 직사각형이지만, 나는 아름답게 아른거리는 눈부신 붉은 덤불을 묘사하기 위해 세로로 작업하기로 결정하였다.

우선 카트리지 종이 위에 목탄을 이용하여 빠르게 스케치를 하였다. 덤불의 그림자가 진 가지 아래로 무게감을 주면서 전체의 3분의 2쯤의 상단을 남겨 둔 채 가볍게 붓 작업을 하였다.

다음으로 번트 엄버와 프탈로 블루(이미 만들어진 세피아를 사용해도 좋다) 오일을 되직하게 섞어 돼지털 휠버트 8호 붓을 이용하여 밑작업이 된 캔버스 보드 위에 기본 형태를 그렸다. 채색은 부분적으로 현장에서 마무리하고 나머지 부분은 스튜디오에서 같은 날 완성하였다. 하늘은 묽은 코발트 블루와 화이트로 부드럽게 붓 작업을 하였다. 흰구름은 부드럽고 깨끗한 천으로 젖은 물감을 닦아 내어 표현하였다. 그림의 많은 부분을 차지하는 마른 풀밭은 약간의 카드뮴 레드를 부분적으로 섞은 옐로 오커를 짧게 두드려 물결치는 들판을 표현하였다. 덤불은 연속적이 레이어를 점묘로 묘사하였다. 카드뮴 레드가 주요 색이 되었고 바이올렛과 프러시안 블루로 깊이감 있는 그림자를 표현하였다. 마무리로 반 고흐의 작품을 연상시키는 까마귀떼를 리듬감 있는 붓 자국으로 그려 넣어 이 그림에 사실감과 운동감을 더하였다.

화면 구성과 균형

화면의 공간 안에 형태와 모양, 색을 배열하는 것을 구성이라 한다. 이러한 구성 요소들을 배치하는 데 특정한 법칙은 없다. 그러나 배치하는 과정에서 직관력이 크게 작용하는 것은 사실이다. 공간 안에 무엇을 어떻게 배치해야 적절한지를 생각하는 동시에 우리는 무엇이 적절하지 않은가도 정확히 알아야 한다.

좋은 구성은 여러 요소들을 바르게 관계를 맺어 주어 의도한 의미를 유추해 내도록 하는 것이다. 눈에 띄도록 좋은 구성을 창조해 내기 위해서는 모양과 형태, 색 모두가 관람자의 시선을 사로잡도록 드라마틱하게 연계되어 있어야 한다. 화면의 어느 한 부분에 강한 색이 들어감으로써 균형을 잃어 보였다면 그 색을 다른 곳에도 배치하여 오히려 균형도 회복시키고 또 다른 맛을 창조할 수도 있다. 구성의 순서는 균형감이 먼저지만 정확한 대칭은 오히려 생동감을 잃게 할 수도 있다. 어떤 그림이 같은 크기로 양분되

어 있다면 법칙상으로는 이것이 가능하지만, 한편으로 단조로워 보일 것이다. 구성에 있어 유용한 법칙은 이미지를 3등분 하는 것이다. 그러나 그 영역들은 정확하지 않게 나누어졌을 때 더욱 보기 좋아 보이는 경향이 있다. 기억해야 할 것은 화면의 3분의 2를 차지하는 물체가 자연스럽게 전체를 지배한다는 점이다. 그러나 이런 법칙들은 지침에 불과하다. 화면의 정중앙에 물체를 배치하는 것이 가장 효과적일 수도 있고, 풍경을 가로로 2등분하는 것이 적당할 때도 있는 것이다.

두 배경이 만나는 중앙의 가로 선 때문에 여러 요소들을 창의적으로 배치해야 한다. 중앙에 우유 컵을 배치해 그림의 균형은 잡았지만 너무 특색이 없다. 세 개의 공으로 대칭을 피하려 했는데, 왼편에 놓인 빨간 공 하나가 관람자의 시선을 그림의 중앙으로부터 끌어내어 이들 두 영역 간의 긴장감을 유도하고 있다.

우유 컵이 화면의 왼편에 치우쳐 있어 시선을 이끌어 내는 동시에 그림을 3등분하고 있다. 이것이 불균형을 이루는 듯하지만, 세 개의 공을 중앙보다 오른편에 배치함으로써 또 다른 변화를 구하고 있다. 그런데 빨간 공 하나를 중앙에 배치함으로써 관람자의 시선을 끌면서 대칭에서 벗어나고 있다.

세 번째 화면 구성은 우유 컵을 화면 전체를 3등분하는 왼편에 두었다. 이로써 좀더 변화있는 균형감을 보여 주고 있다. 우유 컵과 빨간 공이 짝을 이루고, 그 옆의 초록 공과 빨간 공이 또 다른 짝을 이루면서 직사각형 공간에 긴장감을 만들어 내고 있다.

세잔느 따라잡기

현대 미술의 아버지라 불리는 세잔느(Paul Cezanne, 1839~1906)는 그림의 구조에 강한 관심을 가지고 풍경 작업을 하였다. 그를 매료시킨 것은 화면의 아래에 숨겨진 형태와 자연에 존재하고 있는 구조를 밝혀 내는 일이었다. 이와 같은 작업 방식은 큐비즘의 전신이 되었고, 그의 붓 작업은 나무와 건물의 형태에 따라 움직였으며, 이는 캔버스를 벗어난 소실점과 그보다 더한 깊이감으로 우리의 시선을 이끌었다. 이 그림은 세잔느가 '세인트 빅투아 산'을 간단히 요약하여 그린 것인데 블루, 옐로 계열에서 간단하게 색을 선택하여 공간 원근법을 충실히 만들어 주었다. 이는 세밀한 묘사를 뒤로 배치함으로써 더 푸른 빛을 띠며 거리감을 만들어 내고 있다. 화면 구성은 강하게 가로로 나뉘어졌으며, 흰 길을 첨가함으로써 세로와 사선으로 처리된 복잡한 패턴을 자연스레 나누어 놓고 넓은 납작 붓으로 만들어진 세로 방향의 화면은 균형을 잡고 있다.

브라크 따라잡기

유명한 화가인 큐비스트 브라크(Georges Braque, 1882~1963)의 '팔레트가 있는 커다란 내부'는 이해하기 쉽고도 훌륭한 구성의 예를 보여 준다. 이 작품은 브라크가 표현하고자 하는 화면 구성의 안팎과 주위에서 일어나는 움직임에 대한 사실감을 더해 준다. 이는 형태를 겹치게 하고 제한된 색을 선택하여 사용함으로써 성공적으로 그 효과를 보게 되었다. 겹쳐진 여러 층과 '그림 사이의 그림들'은 하나로 고정된 시선에 대해 도전을 하고 있다. V 모양이 그림의 중앙을 차지하고 있지만 오른편의 어두운 배경이 잠시 시선을 끌어 당겼다가 V 모양 안에 있는 식탁으로 다시 시선을 끌고 간다.

빛의 관찰과 변화

톤과 형태, 색과 공간의 법칙으로 실제의 사물을 이해하는 데 도움이 되지 않는다면 이것은 단지 제한된 목적으로밖에 사용되고 있지 않다는 증거이다. 실제감을 표현하고자 할 때 우리는 빛을 먼저 고려해야 한다. 빛은 그림의 명도를 나타내는 데 직접적인 영향을 미친다. 그리고 물체에서 반사되는 빛과 그 반사에 의해 나타나는 색들이 어울려 또 다른 공간감을 만든다. 빛을 한마디로 정의하기는 어렵다. 빛은 변하고 다른 물체의 색은 변형시킨다. 그리고 새벽부터 황혼까지 하루의 일상은 빛으로 이루어진다. 빛은 오래 전부터 화가들을 자극하고 매료시켜 왔다. 그래서 그들은 빛의 움직임을 좇아 붓으로 기록하였다.

빛은 그것을 받는 물체의 표면과 텍스처에 큰 영향을 미친다. 이 잉크 스케치는 이른 아침 광선이 화면 전체의 구성에 골고루 비치는 것에 초점을 맞추고 있다. 나무의 밑둥 주위에 자라난 갈대 줄기는 밑둥과 마찬가지로 빛을 받는다. 물 속에 잠긴 나무 뿌리는 그 형태를 알 수 없다.

화면에 보이는 황혼 빛은 처음 스케치와 강한 대비를 이룬다. 강한 외곽의 형태와 나무 껍질과 같은 텍스처는 관찰이 가능하지만 흐려진 하늘을 배경으로 서 있는 나무는 희미해져가는 빛에 의해 실루엣으로만 나타난다. 이것은 빛이 물체의 외관을 변형시키는 데 상당히 큰 영향을 미친다는 사실을 보여 준다.

굽이치는 강 줄기 근처의 고립된 지역을 보다 세밀하게 연필 스케치한 것이다. 가벼운 터치와 골고루 분포된 회색 빛으로 톤이 조용한 봄 느낌을 전한다. 최종적으로 연필과 아크릴 물감으로 스케치(오른편)를 하기 전에 이러한 준비 작업을 통해 필요 없는 부분을 화면에서 제거하고 그 날의 빛을 기억하게 한다.

최종 작업은 코발트 블루와 카드뮴 옐로를 섞어 만든 묽은
워시로 중간 그린 톤의 수면을 묘사하는 것이다. 번트
엄버로 마른 나무를 그렸고, 거기에 코발트 블루를 섞어
강둑의 관목들을 표현하였다. 카드뮴 오렌지를 흐리게
찍어 풀을 묘사함으로써 전경에 따뜻함을 주고 있다.

TIP

종이를 네모로 잘라 내어 창틀과 같은 모양
을 만들어 창문에 붙여서 종이 창틀을 통해
보이는 바깥 풍경을 관찰해 보자. 그 창틀
을 통해 변화하는 빛과 날씨의 패턴을 살펴
보고 하루 동안의 변화를 기록해 보자.

많은 경험을 통해 우리는 하루 중 각 시간대와 계절의
변화에 따른 색의 변화를 알고 있다. 전형적인 겨울의
색감은 퍼플 그레이와 로 엄버와 번트 엄버의 색상
치환이고, 글레이즈를 통해 좋은 효과를 볼 수 있다. 이
추운 겨울 저녁의 그림에서 붓의 필치와 함께 강둑 너머로
지는 햇살의 따뜻함이 보이는 대비도 알 수 있다. 여기에
사용된 레드와 오렌지는 그림을 밝게 하고, 구성을 깊이
있게 해준다.

실내 작업

우리 눈앞을 지나는 모든 것들은 작업의 좋은 소재가 될 수 있다. 세상을 새로운 눈으로 보고 붓과 색으로 그것을 재해석하는 일이 화가가 할 일이다. 처음에는 이것이 힘겹게 느껴질 수 있으므로 우선 집 주변의 늘 보던 것 중에서 주제를 삼아 작업을 시작해 보자. 서로 다른 모양과 색감, 다양한 패턴으로 이루어진 이미지는 무궁무진하지만 무심히 지나칠 때가 많다. 서랍이나 찬장을 열어 보는 것은 또 다른 세상을 여는 일이다. 밖으로 한 발짝도 나가지 않고 평생 연구할 것들을 찾아 낼 수 있을 것이다.

창문을 이용하기

창문은 자연적인 '뷰 파인더' 이며 그림의 주제 안에 자리 잡은 수많은 주요 요소들을 하나로 통합해 주는 역할을 한다. 또한 그림에 그려짐으로써 상징적인 장치가 되기도 한다. 피에르 보나르(Pierre Bonnard, 1867~1947)는 후기 인상주의인 '나비(Nabis)' 파의 일원으로 그가 앉아 있는 방의 프렌치 도어 창문 너머의 지중해 계곡의 전경을 종종 그렸다. 이는 그의 빈방과 날카롭게 대비되어 간단하고 꾸밈 없으며 고립된 듯한 느낌을 제공한다.

정물화

이 전통적인 장르는 미술 기법의 전반에 걸쳐 화가들에게 계속적으로 영감을 불어넣는다. 형태와 색, 텍스처와 물체들 간에 표현력을 지닌 공간적 연관성, 균형 잡힌 구성을 위한 요소들의 배치 등 모든 주제가 정물화에 포함된다. 과거의 대가들이 그림의 주제에 관하여 어떻게 반응하였는지를 알아보는 일은 가치 있는 일이다. 17세기 네덜란드나 덴마크의 화가들에게 있어 사실주의는 중요하고 완벽한 표현법이었다. 그들은 단단하고 반짝이는 병과 이와 대조를 이루는 연하고 부드러운 과일과 꽃, 이러한 조합 따위를 연출해 내는 것에 매료되었다.

한 사람이 테이블에 앉아 커피를 마시고 있다. 그러나 이곳은 일상적인 카페가 아닌 아열대 식물이 자라는 식물원의 내부이다. 사람의 형상과 테이블의 나열, 이를 왜소하게 보이게 만드는 거대한 규모의 나무들은 그림의 내부를 다른 방식으로 서술하고 있다. 내부가 외부를 부옇게 분리시키는 것으로 예술적 주제에 재미를 더한다.

작은 병들과 화분이 놓인 햇살 가득한 창틀은 오일
스케치에 적당한 주제이다. 이런 종류의 주제를 '발견된'
정물화라 부른다. 이는 그림을 구성하는 데 있어 어떠한
틀에 규정되지 않고 물체가 놓인 그대로를 그림으로
옮기는 것을 의미한다. 먼저 연필로 부드럽게 드로잉을
하였다(위). 이는 창문을 통해 들어온 빛에 의한 명도
대비를 이루는 데 도움이 된다. 색 공부를 위한 색의 선택
(오른쪽)은 색상이 낮은 여러 색을 골랐다. 번트 시에나,
옐로 오커, 코발트 블루 그리고 비리디언 등이다. 붓
작업은 빠르고 순간적으로 진행되었고, 빛의 신선한
느낌을 살리기 위해 물감이 많이 겹쳐지지 않도록 하였다.
물감이 칠해지지 않은 종이의 흰 부분은 빛이 반사된
부분이며, 이는 스케치의 경쾌한 분위기를 유도해 낸다.

실외 작업

실내 작업에서 자신감을 쌓았다면 바깥으로 나가 보자. 오래 전부터 유화와 아크릴화 모두 해안 풍경, 도시 전경, 풍경화 등에 분위기 짙은 날씨를 통해 빛과 색을 발전시켜 왔다. 당신도 그림의 주제와 직접 만난 후 여건에 따라 '알 프레스코(al fresco)'로 그림을 완성하거나 간단한 색 연구의 시리즈를 만들어 그 풍경에서 얻은 에너지와 분위기를 노트해 보도록 하자.

집에서 시작하기

집의 뒷마당과 같이 익숙한 공간에서부터 시작한다. 구부러진 나뭇가지나 바람 부는 버드나무 담장, 정원을 가꾸는 수많은 도구로 가득찬 낡은 헛간, 화분과 하루살이들, 이 모든 것은 훌륭한 연구 대상이 될 수 있다. 때로는 흔한 채소밭의 한구석에 가을의 낮은 햇살이 내려앉아도 그것은 신비로운 대상이 될 수 있다. 이렇게 쉬운 데서 대상을 찾는 이후 우리는 더욱 어려운 주제로 옮겨가게 될 것이다. 우리의 눈앞에 보이는 모든 것이 예술적인 주제가 될 수 있다는 것을 늘 염두에 둬야 한다. 시각적 호기심을 제한하지 말고 영감을 얻기 위해서는 언제든지 준비하고 있어야 한다. 때로는 비정상적인 것들이 정상적인 것들 사이에 숨어 있을 수 있다. 어린 시절 우리의 호기심을 재발동시키고 스폰지와 같이 새로운 경험을 흡수해 보자. 가능한 한 많이 여행을 다니고, 다른 문화의 아름다움을 기록으로 남기자. 이 모든 것을 경험하다 보면 그림의 주제는 가득 넘칠 것이다.

이 뒷마당의 빨래줄은 생생히 살아 있는 훌륭한 주제를 찾기 위해 멀리 여행할 필요가 없다는 것을 보여 준다. 이와 같이 단시간에 그려 내는 아크릴 스케치는 순수하게 웨트 인 웨트 물감과 붓의 빠른 놀림으로 완성되었다. 이는 정원 주위의 순차적인 저널을 만들어 내는 과정으로 보이며, 개개의 주제를 독립시켜 재빠르게 시각적인 기록으로 정리한 것이다.

풍경 그리기

안개에 싸인 흐릿한 산들, 구름에 묻혀 버린 하늘, 삼림이 우거진 계곡이나 바싹 마른 평원을 굽이쳐 흐르는 강 모두 풍경화의 영감을 주는 좋은 소재들이다. 자연 지형은 수세기에 걸쳐 예술가들의 주제가 되어 왔다. 자연의 형상을 재해석할 때 예술가에겐 무궁무진한 가능성이 열린다.

해안 풍경 그리기

이 주제 역시 바닷가의 한가한 여름날들로부터 거친 해안선의 산책에 이르기까지 수없이 많은 소재를 제공해 준다. 바다와 바닷가의 날씨가 서로 어우러져 실제로 스펙터클한 장면을 연출해 내는데, 물결치는 바다나 폭풍이 밀려올 때의 모습이 수면에 반사되는 석양의 풍경 같은 것이 그 예이다. 해안가의 건축물 역시 많은 영감을 준다. 고기잡이배와 항구, 선창과 방파제, 간이 건물과 상가 또는 우아한 호텔과 아파트 건물에 이르기까지 다양하다.

날씨 표현하기

윌리엄 터너(William Turner, 1775~1851), 존 콘스터블(John Constable, 1776~1837)과 캐스퍼 존 프리드리히(Caspar John Friedrich, 1774~1840)는 모두 날씨와 계절에 따른 빛의 변화를 연구했던 화가들이다. 프리드리히는 거대한 바다의 물결과 매우 빽빽한 산, 그리고 음산한 빛의 빙하 조각을 통해 보이는 자연 경관들을 풍부한 영감으로 표현하였다.

하루 중 최고의 시간과 장소를 물색하여 빠르게 아크릴 스케치를 하여 보자. 좀더 적극적으로 여러 날에 걸친 긴 프로젝트를 정하고 같은 장소에서 연속적인 작업을 해냄으로써 여러분이 배워 온 기술을 실험하고 발전시켜 보자.

마을과 도시 풍경 그리기

도시의 빠르고 분주하게 돌아가는 일상을 평면적으로 묘사하기는 어려운 일이다. 당신 곁을 지나가는 움직임을 보고 기억하는 훈련이 필요하다. 그림의 선을 너무 꾸미지 말고 간단하고 직접적으로 사용한다. 색은 깨끗하게 사용하며 자세한 묘사보다는 그 장면의 정수를 포착하도록 노력하자.

시장은 도시의 예술가에게 좋은 소재의 재료가 된다. 이 그림과 같이 중국 향료와 허브를 각각의 바구니에 담아 재미있는 전시를 하고 있다. 색을 풍요롭게 하고 감각을 자극하며 상상력을 고취시킨다.

야외 작업

아크릴화와 유화 모두 야외에서 작업하기에 알맞지만 각기 장단점이 있다. 유화는 마르는 시간이 길어 작업을 다듬거나 잘못된 부분을 고칠 수 있는 시간을 가지는 대신, 작업 후 덜 마른 그림을 보호할 장비를 갖추지 않으면 운반이 곤란해진다. 아크릴화는 야외 스케치에 좋다. 그러나 날씨가 따뜻할 경우, 그림을 다듬거나 붓 자국을 내기도 전에 물감이 말라 버리기가 일쑤이다. 야외 작업의 또 다른 변수는 빛의 변화와 그림에 달라붙는 먼지, 변덕스러운 날씨 등이다. 그렇지만 야외 작업은 이 모든 것을 감수할 만한 가치가 있으므로 용기를 내어 화구통을 챙겨 야외로 나가도록 하자.

미리 밑작업이 된 보드나 캔버스를 준비하되 그 크기는 40㎝ x 50㎝ 이내로 운반하기 편리한 것이 좋다. 붓은 올바른 방향으로 정렬해 붓 머리가 아래로 향하지 않도록 하고, 붓을 딱딱한 튜브 형태의 용기나 특별히 주머니가 달린 캔버스 천에 감아 보관하도록 한다. 방수 처리가 된 종이로 만든 1회용 팔레트도 유용하며 나무 팔레트를 이용할 때는 팔레트 윗면에 비닐 랩을 씌워 사용한 후 뜯어 버릴 수 있게 하면 편리하다.

작업할 장소를 선택할 때는 개인 소유지가 아닌지, 공공장소의 안내문 등을 참고하도록 한다. 만약 확실하지 않다면 작업을 시작하기 전에 허가를 받도록 한다. 늘 주위를 살펴 위험한 일을 당하지 않도록 주의한다.

신발은 야외 작업 환경에 맞춰 적당한 것으로 준비한다. 시골길을 걷게 된다면 튼튼한 등산화 같은 것을 준비하는 것이 좋다. 등산화는 거의 대부분의 야외 작업에 적당하며, 발을 따뜻하고 건조하게 유지시켜 준다.

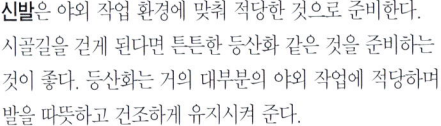

TIP

가능하면 그늘에 자리잡도록 한다. 빛이 반사되면 그림의 명도를 가늠하기가 어려워진다. 너무 오랫동안 햇빛을 쬐면 일사병이나 화상을 입을 수도 있다. 선크림을 바르거나 햇빛을 가려 피부를 보호하도록 하자.

화구통은 유화와 아크릴화 모두에 사용되며, 야외 작업에 가장 유용한 도구 중의 하나이다. 화구통의 받침 부분에는 물감과 기타 재료를 담을 수 있다. 팔레트는 밀어서 빼낼 수 있게 되어 있다. 반대편의 뚜껑 부분은 이젤과 같은 역할을 하며 여러 개의 작은 보드를 받칠 수 있다. 재료를 고를 때는 실제적으로 작업에 필요한 것만 담는데 물감과 붓은 적은 수로 제한하고 팔레트와 작은 기름통, 작은 병의 미디엄이나 테레핀, 헝겊, 작은 스케치 북과 연필 혹은 목탄을 준비한다.

가벼운 방수 배낭은 조그마한 주머니가 여러 개 있어 다양한 재료를 담을 수 있어 편리하다. 또한 야외용 접는 의자와 의자 케이스도 필수이다. 가방을 적당한 크기로 꾸려야 하는데 그렇지 않으면 그림을 그리기도 전에 가방 무게로 인해 지치게 된다.

이젤을 이용하는 것은 개인의 취향에 따라 다르다. 어떤 이들은 자리에 앉아 무릎 위에 보드를 놓고 그리는 것을 좋아한다. 또 다른 이들은 스튜디오에서 작업하듯 일어서서 그리는 것을 선호한다. 박스 이젤은 케이스(이곳에 물감을 담아 운반한다)에서 직접 삼발이를 펴서 작업한다. 휴대할 수 있는 스케치용 이젤 또한 접었다 폈다 할 수 있다. 그것 역시 삼발이지만 매우 가볍고 힘이 없어 바람에 쉽게 넘어지는 단점이 있다. 그러나 이젤의 다리를 서로 묶어 텐트에 고정시킴으로써 보다 안전하게 사용할 수도 있다.

거장의 작품 감상하기

회화의 기본 원리와 기법을 아는 것도 중요하지만, 진정한 작업의 영감과 본보기가 되는 위대한 거장들의 작품을 감상하는 것 역시 매우 중요하다. 거장들의 작업 주제와 구조, 화면 구성, 발전 과정 등을 이해하는 것은 자신만의 작업 스타일을 발전시키는 데 큰 도움이 될 것이다.

주변의 미술 갤러리를 직접 방문하여 연구하는 것이 가장 좋다. 이것이 여의치 않을 때는 책이나 엽서를 구입하거나 도서관에서 화가의 도록을 빌려 보는 것도 좋은 방법이다. 인터넷은 정보를 수집하기에 매우 좋은 매체이다. 연구 대상의 화가들을 선별하는 영역을 넓혀 보는 것도 좋다. 좋은 영향을 많이 받을수록 더욱 다양한 재료의 사용과 새로운 미술 기법을 구사할 수 있기 때문이다.

여기서는 우선 네 명의 화가들에 대해 설명하고 이후 더 많은 화가들을 다루려고 한다. 여기에 소개된 나의 스케치들은 일반적인 모사화가 아닌 그들의 작품을 재해석한 것이다. 그러므로 그 특징이 두드러지게 표현되어 있지 않을 수도 있다. 그러나 이와 같은 작업이 주는 장점은 그림을 다루는 기법이 향상되고 창의적인 작품을 만들어 낼 수 있다는 것을 들 수 있다.

드랭 따라잡기

예술의 발전은 그 이전의 회화 경향과 큰 연관이 있다. 클레(Paul Klee, 1879~1940)와 칸딘스키(Wassily Kandinsky, 1866~1944)는 모두 20세기 초 미술의 주류였던 야수파의 영향권 안에 있던 거장들이다. 그들은 강한 색과 리듬을 강조하는 작업으로 그림의 주제가 거의 드러나 보이지 않게 하였는데, 이는 추상화의 시초가 되었다. 이들과 같은 추상화의 선구자 중 한 사람이었던 드랭(Andre Derain, 1880~1954)은 보트와 말뚝을 보여주는 풍경을 주로 그렸으며, 밝은 옐로와 레드, 블루 계열색을 주로 사용하였다. 흰 캔버스 위에 넓은 바다를 표현할 때는 붓을 살짝 훑어 내듯 물감을 가볍게 묻힌 색의 파편들로 그것을 가능하게 하였다.

피카소 따라잡기

피카소(Pablo Picasso, 1881~1973)는 오랜 동안 많은 작품을 생산했으며, 20세기 화단 발전에 큰 영향을 미친 화가이다. 그는 〈선원의 두상〉이란 작품에서 그의 작업 경향을 보여 주었다. 이후 〈아비뇽의 처녀들〉의 뒤틀린 여자의 형상에서 그의 전형적 형식을 드러내게 된다. 그의 반추상 미술은 아프리카의 조각 가면과 같은 민속 예술에 대한 열정에서 시작되었다. 그의 초기 인물화에서는 조각 가면에서 간단하면서도 강한 선이 많이 나타난다. 그는 그림의 주제를 물감을 이용해 잘라 내고 변형시켰다. 이는 부드럽고 서정적으로 물감을 사용하기보다는 드로잉과 같은 효과로 사용한 것이다.

마티스 따라잡기

마티스(Henri Matisse, 1869~1954)는 18세기 프랑스 화가 샤르댕(Jean-Baptiste Chardin, 1699~1779)의 그림을 모사함으로써 작업을 시작하였다. 이후 20세기 미술에 새로운 정의를 내리며 큰 영향을 미쳤다. 피카소와 마찬가지로 마티스도 다작을 하는 과정에서 그만의 독특한 스타일을 만들어 내었다. 〈집안의 고요〉는 그의 후기 작품으로 화면의 구성과 강한 색의 대비를 이루는 편안하고 넓은 붓 자국으로 그림을 완성하였다. 마티스는 스그라피토 기법을 여기에 대입하여 캔버스의 바탕색이 드러나도록 물감을 긁어 내었다. 빛은 실제의 색을 모방하기보다는 색상을 대비시켜 표현했는데, 이는 그의 작업을 통해 알 수 있다.

모딜리아니 따라잡기

모딜리아니(Amedeo Modigliani, 1884~1920)는 입체파의 영향을 많이 받아 베네치아 르네상스 색감과 원시적인 아프리카 조각의 긴 형태 감각을 흡수하였다. 〈소녀의 초상(빅토리아)〉에서 간단한 형태와 흙색에 가까운 레드와 브라운, 오커의 계열색을 주로 이용하였다. 소녀의 우아한 형상을 부분적으로 추상화가 된 기이한 문 앞에 배치하였다. 형상에서 볼 수 있는 리듬감과 제한된 색채를 대비시킴으로써 독특한 느낌의 초상화를 완성하였다. 그는 옐로 오커로 묽게 밑칠한 위에 번트 엄버와 인디언 레드로 레이어를 쌓아올렸고 먼저 칠한 옐로 오커 바탕을 남겨 두어 그것을 평평한 얼굴 묘사에 사용하였다. 번트 엄버로 마른 붓질을 더함으로써 이미지를 완성하였다.

TIP

과거나 현재의 미술 작품에서 영감을 받도록 한다. 모든 주제에 관한 호기심과 다양한 방법으로 주위에서 볼 수 있는 것들에서 세계의 깊이와 풍성함을 재해석할 수 있도록 준비한다.

피사로 따라잡기

프랑스 인상주의의 한 사람인 피사로(Camille Pissarro,
1830~1903)는 보충색으로 작은 점을 찍어 물체 위에
반사되는 햇빛의 느낌을 시각적 혼합 기법으로
표현하였다. 일하고 있는 농부의 모습을 그의 작품에서
쉽게 찾아볼 수 있다. 〈과수원의 여인〉(1887)에서
보이는 순수한 색감은 부드러운 점묘로 표현되어
칠해지지 않은 흰 캔버스 위에 불투명한 효과를
나타냄으로써 그 풍경에 감도는 신비한 햇살의 느낌을
잘 살려 내었다.

보나르 따라잡기

기억을 담은 스케치는 상상을 덧붙인 회화의 좋은 기반이
된다. 이와 같이 보나르(Pierre Bonnard, 1867~1947)는
주제를 기록하기보다는 그것을 회상하는 방법으로
작업하였다. 강하고 밝은 색을 사용하여 프랑스 남부
지역의 뜨겁고 작렬하는 태양 빛을 효과적으로
묘사하였다. 보나르는 물감을 칠할 때 어떤 정해진 과정을
밟기보다는 예측하기는 어려운 자연스럽고 흥미로운 붓
작업을 선호하였다. 다른 인상파 작가들과는 달리 그는
색깔 층을 한겹 긁어 낸 위에 임파스토 작업을 한 후
글레이즈 기법으로 물감 층을 쌓아 나갔다.

디벤콘 따라잡기

들판과 바닷가 풍경의 조형적인 요소들은 때로 추상화
같은 느낌을 준다. 미국의 캘리포니아 작가인
디벤콘(Richard Diebenkorn, 1922~1994)은 색과
형태에 대한 예민한 감각과 그것들 간의 조화에 대한
탁월한 이해를 바탕으로 작업하였다.
색감은 부드럽게 서로 겹쳐지면서 흡수되는 색을
선택하여 탁월한 효과를 보였다. 조화로운 색의 사용과
크림 타입의 물감 효과를 설정하여 현장의 풍부한 감성을
한층 효과적으로 나타내었다.

로드코 따라잡기

이 미국 작가는 팽팽한 캔버스 위에 물감을 평평하고
두껍게 발라 좁은 공간 안에 한층 가라앉은 분위기를
자아낸다. 로드코(Mark Rothko, 1903~1970)의 작업은
묽은 유화의 연속적인 워시 레이어로 비대칭의 직사각형을
만들어 내는 것으로 유명하다. 경계는 웨트 인 웨트 기법을
사용하여 모호하게 흐리고 캔버스의 나머지 부분은 스스로
공명되는 공간으로 남겨 놓는다. 묽은 워시로 처리된
레드의 띠 위에 채도 높은 옐로로 선을 그어 부유하는
환영을 불러일으키는 동시에 더욱 두드러져 보이는 효과를
낸다. 제한된 색감을 적절히 활용한 장점을 이 작품을 통해
살펴볼 수 있다.

그림 언어

그림을 이용해 아이디어를 표현하는 것은 그림을 언어의 한 종류로 여기는 것과 같다. 음악과 마찬가지로 그림 그리는 것이나 퍼포먼스, 창작을 위한 글쓰기 등은 일상 언어와 달리 색다른 형태이며, 이것은 우리의 의사 소통의 근간이 된다. 사실과 정보는 직접적이고 간단한 문장에 의해 가장 잘 서술되지만 분위기나 감정·감성의 경험들, 혹은 표출되는 텍스처나 빛과 그림자의 움직임 등을 설명할 때는 보다 보완적인 묘사가 필요하다. 이와 같은 경우, 그림을 그려 표현하면 효과적이다. 이것이 곧 새로운 언어이기 때문이다.

그림은 붓에 의한 물감의 흔적으로 표현한다. 동시에 그 과정을 통해 상상력을 펼치고 어떠한 순간을 기록하거나 과거를 회상할 수도 있다. 여러 차례의 실습을 통해 그 표현의 유연함을 습득할 수 있게 되는데, 이것은 '핸드 라이팅'의 독특한 스타일을 개발해 내는 것과 같다. 유화나 아크릴화 화가들에 관해 연구하는 과정에서 어떤 작가의 특이한 요소를 발견해 내었을 경우 이것은 작업 방식에 큰 영향을 미칠 수 있다. 모사화를 실습하다 보면 다른 작가들의 성공 요소를 터득하게 되고, 그것을 자신의 것으로 발전시킬 수 있는 특별한 계기를 만들게 된다.

작업에 있어 자기만의 스타일을 굳히는 것은 하루 아침에 되는 일이 아니다. 많은 이들이 자기만의 스타일을 찾는 일을 어렵게 느끼기도 하지만, 오랜 실습과 꾸준한 연구로 점차 그것을 갖추어 갈 수 있다.

TIP

모사화를 시작하기 전에 이 작업의 의도가 무엇인지 분명히 하여 그림을 무조건 베끼기만 하지 않도록 주의한다. 어떻게 그릴 것인지를 정하고 이후 다양한 작업의 요소들을 결정한다. 이때 어떤 기법을 사용할 것인지, 말하고자 하는 주제를 표현하기 위해 무엇을 준비해야 하는지, 또한 색과 톤, 전체적인 화면 구성 등을 고려한다. 작업의 스타일은 그림의 내용보다 둘째 되는 것으로 '무엇을'이 '어떻게'를 앞선다는 것을 잊지 말자.

렘브란트 따라잡기

바로크의 거장 렘브란트(Rembrandt van Rijn, 1606~1669)는 유화의 기법에 혁신적인 바람을 일으켰다. 그가 색을 다루는 폭과 깊이는 눈부신 발전을 이루었다. 그는 묽은 글레이즈 기법과 두꺼운 임파스토 기법을 결합하는 형태를 시도하였는데, 이는 단지 열심히 형태를 복사한 것과는 다른 차원의 것이다. 가끔 나선형으로 돌출된 물감은 그림의 표면에서 튀어나와 빛을 반사하고 3차원적인 인상을 강하게 풍긴다. 캔버스를 미완성인 채로 남겨 두고 바탕에 두껍게 칠해진 브라운을 배경으로 사용한 것은 암시성이 강한 그의 작품 경향과 함께 매우 획기적이다.

렘브란트는 단색으로 명암을 주는 '키아러스큐로우(chiaroscuro)'의 대가였다. 부드러운 빛과 그림자의 어두움을 교묘히 서로 짜넣어 암시적인 형상의 붓 작업을 선호하였다. 이 효과는 그의 1662년 초상화를 모사한 나의 그림에서 볼 수 있다. 그의 그림에는 깊이감이 있고, 각 색의 레이어마다 의미가 담겨 있어 오늘날 그의 작품을 대하는 우리들을 놀라게 한다. 그만의 표현 언어는 뚜렷하게 정의를 내렸으며, 순수하고 감성적인 화면이 주는 즐거움은 유화의 맛과 함께 세대를 뛰어넘어 전해져 내려온다.

추상화

구상 미술의 견습자들은 추상화를 어렵게 생각하는 경향이 있다. 그러나 무엇이든 우리가 보는 사물에는 추상적인 요소가 담겨 있다. 특히 어떤 장면에서 한 부분만을 떼어 내어 이를 캔버스에 확대하여 그린다면 그 효과를 알 수 있다. 많은 화가들에게 추상화는 전통 회화에서 시작된 창작의 여정에 있어 가장 마지막 종착지로 여긴다. 추상화를 시도하다 보면 이 장르를 추구하는 작가들의 작품을 더 많이 이해할 수 있을 것이다.

추상 화가들은 두 종류로 구분된다. 그 중 첫 번째는 감정의 표현이나 혹은 그 감성 자체를 중시하여 힘있는 붓 작업을 하거나 두드러지는 색상을 작업에 사용하는 것이다. 두 번째는 좀더 이성적인 면에 집중하여 기하학적인 구성을 하면서 강하고 제한적인 색상으로 표현하는 것이다. 클레의 〈선과의 산책〉 같은 작품은 그가 칸딘스키와 같이 두 종류 모두의 추상화에 익숙해 있음을 보여 주고 있다. 이 두 사람은 많은 훈련을 통해 음악의 구조를 엄격히 회화에 적용시킨 작업을 하였다.

단기간에 아크릴화를 실습하기 위해 눈이 온 겨울날의 풍경을 알라 프리마 기법으로 표현하여 추상 스케치의 출발점을 만들었다. 주위를 둘러보다 발밑의 깨진 얼음 조각을 발견하였다. 우선 시에나 브라운을 넓고 빠르게 칠한 후 푸른 빛이 도는 화이트로 떠다니는 두꺼운 조각을 색칠하여 이를 둘러싸게 배치하였다. 이 작업을 통해 색과 텍스처, 그리고 아직은 개인적인 경험에 의한 추상화를 순수한 감성으로 실험해 보았다.

EXERCISE

두꺼운 종이를 ㄴ 모양으로 잘라 두 개를 준비한 후
그것을 정렬하여 정사각형 모양의 뷰파인더를 만든다.
두 종이를 잡아 클립으로 고정시킨다. 벌어진 틈의 크기를
조정해 가며 그 틈으로 작게 보이는 주제의 특정한 부분을
독립시켜 새롭고 추상적이며 구성적인 가능성을 찾는다.
이 페이지에 있는 그림들은 이것을 통해 얻어진 기법들을
제시한 것이다.
당신이 만든 뷰파인더의 틈을 줄여 가며 이 기법을 더욱
발전시킨다. 그리고 기존의 구성 회화 위에 시각적으로
흥미있는 이러한 부분을 얹어 그린다. 작업에서 보이는
기본적인 형태와 색에 대해 정의를 내려보고 아크릴
물감을 넓게 질함으로써 새로운 추상화를 구성해 본다.
색을 바꾸어 가면서 주제를 발전시켜 본다.

리듬

음악이 시작되면 발을 까딱거리게 되고 우리의 몸은 그 리듬과 템포를 따라 움직이면서 자연스럽게 춤이 추어진다. 그림도 이와 같다. 리듬은 다양한 붓의 움직임에 의해 생성되고, 색은 그 움직임과 물체의 구성에 따라 그림의 분위기와 표현력을 만들어 간다. 패턴과 형태, 선과 색, 때로는 이것들이 반복되며 그림을 구성하여 메아리치게 된다. 음악의 비트와 같은 구조로 이러한 요소들의 성질과 그것이 만들어 내는 율동감으로 그림은 살아 움직이게 된다.

다이내믹한 요소

일부 화가들에게 있어 리듬은 그림을 살리는 가장 중요한 요소로 작용한다. 색이 강한 요소를 차지하는 부분이라 하더라도 리듬감 있는 긴장감은 그림의 구성에 맛을 더한다. 고흐(Vincent van Gogh, 1853~1890)의 작품은 그 부분을 잘 드러내고 있다. 네덜란드의 바로크 화가인 루벤스 (Peter Paul Rubens, 1577~1640)를 연구한 고흐는 조심스레 물감의 색상과 그 풍성함을 고려하고, 캔버스의 굴곡을 따라 그림의 형태와 다이내믹한 흐름을 표현하였다. 그 당시 일본 판화가 널리 알려져 그의 작업 계획의 세부 사항과 구조에 영향을 미쳤다. 그는 이러한 작업 효과들을 합하여 자신만의 고유한 언어로 발전시켜 나갔다.

리듬 잡기

리듬을 염두에 두고 당신이 좋아하는 과거 혹은 현재의 화가들을 정한 후 그들의 작품을 세 단계로 나누어 본다. 첫 단계는 간단한 선을 이용하여 형태를 잡고 아크릴 스케치로 마무리한 작품을 선택한다. 그 모델 작품에서 리듬감이 공헌하는 바를 알아보고 화가의 붓 작업이나 물감 사용을 따라해 본다.

이 예로 고흐의 리듬감 있는 작품 중 〈올리브 나무의 풍경〉 (1889)를 골라 그 구성을 변형시키고 색을 단순화시켜 본다.

처음으로 잉크 드로잉(맨 왼쪽)을 하였는데, 직접 선을 그려 주요 양감을 둥글게 하여 균형과 대비를 이루도록 한다. 두 번째(왼쪽)로 2B와 6B 연필을 이용하여 톤을 좀더 가미한 밀도 있는 드로잉을 한다.

이 그림을 보고 올리브 나무가 어떻게 묘사되고, 명암이 처리되었는지를 노트한다. 이 형태들은 그림의 전반적인 리듬에 중요한 요소가 된다. 고흐는 이 울퉁불퉁하고 구부러진 형태를 강조하고 양식화하여 하늘을 가로 질러 지나는 구름의 형태를 나타내었다. 왼편의 전경에 위치한 나무는

구성에 있어 중요한 요소가 되는데, 이것이 그림 안으로 구부러져 오른편으로 뻗어 나가면서 희석되지 않은 강한 물감이 실제감을 두드러지게 한다. 배경 언덕은 이러한 형태와 움직임을 그대로 모방하였다.

마지막 스케치(아래)는 이러한 요소들을 반복하며 단순한 색감을 드러냈는데, 여기서 볼 수 있듯이 명암은 조심스런 블랜딩 작업으로 표현되기보다는 길고 짧은 강한 붓 자국으로 만들어지고 있다.

마스터 클래스

Master classes

마을 풍경
프랑스 해변 마을

와인 생산지인 아데(Aude)에는 라그라스(Lagrasse)라는 아름다운 마을이 있다. 이곳은 매우 조용하여 여유롭게 스케치를 하기에 적당한 장소이다. 20세기 초 프랑스의 한 해변에 살면서 작업을 했던 야수파의 마티스(Matisse)와 드랭(Derain)이 '하이 키(high key)'라 불리는 강한 지중해의 햇살과 밀도 있는 색상을 우리에게 보여 주고 있다.

엘로 오커

코발트 블루

번트 엄버

비리디언 그린

카드뮴 오렌지

프러시안 블루

카드뮴 레드

플레이크 화이트

건축물과 주변의 돌, 그곳에 내리쬐는 햇빛 등이 모두 강한 인상의 풍경을 만든다. 아주 단순한 동네의 풍경에서조차 그 지역 주민들의 삶을 그대로 반영하듯, 그림 안에 사람의 형상을 그려 넣지 않더라도 비어 있는 공간에서 사람의 존재를 미루어 상상할 수 있게 한다. 그림에서 보여 주고자 하는 요소들을 여러모로 고려하여 건물을 그려 넣는 것으로 작업을 시작한다. 건물의 모서리와 가장자리를 그려 화면을 쉽게 구성하고, 그것들이 일정하게 서로 맞물린 모양은 건물의 규모에 대한 감각과 톤을 암시한다. 색은 화면의 공간감을 깊이 있게 나타내 주고 있다.

마을을 돌아다니다가 나는 이 지점을 그리기로 결정하였다. 이곳에서 보여지는 명암의 명료함과 선명한 대조, 즉 깊은 그림자와 빛나는 햇살과의 대비, 이로 인해 발생하는 평평한 형태감이 패턴화되어 보이는 것이 흥미로웠다. 빛은 빠른 속도로 움직였다. 빛은 건물에 반사되어 각 면에 변화를 주었고, 그 흥미로운 빛의 변화를 하루 종일 관찰하면서 색의 채도와 따뜻함을 결정하는 요소들을 노트하기도 하였다.

작업을 하면서 어려웠던 부분은 가장 인상적인 순간을 포착하여 기억하고, 그것을 종이에 옮겨 그리면서 그림에 계속적으로 변화를 주고 싶은 것을 억제하는 일이었다.

하루가 흘러감에 따라 기온이 점차 선선해지면서 강한 레드는 퍼플로, 옐로는 골드로 변해 가고 그림은 낮아진 여름 햇빛을 받으며 완성되었다.

사용된 기법들

드라이 브러쉬(39p.)
글레이즈(40p.)
임파스토(42p.)
분절색 기법(60p.)

1 초기 명암 스케치
풍경을 눈에 익히고 화면 구성과 톤을 연구하기 위해 적당한 속도로 스케치했다. 이때 카트리지 종이로 된 스케치 북과 연한 6B 수성 연필을 사용하였다. 우선 강한 형태를 스케치한 후 그림자가 드리워져 어두운 면들은 6호 둥근 붓으로 물감을 문질렀다.

2 선 스케치로 계획 세우기
형태를 간소화시키거나 작업 과정을 '편집' 하는 것은 모든 예술의 장르에서 필수적인 요소이다. 불필요하고 세밀한 부분을 화면에 포함시키고 싶은 충동을 억제하기는 쉽지 않지만, 이 과정을 거치면 그림 그리기가 한결 수월해진다. 목탄은 준비 드로잉 단계에서 사용하기가 가장 적당한 재료이며, 혹시 고쳐야 할 부분이 생긴다 하더라도 마른 헝겊으로 털어 내기만 하면 된다. 초기에 서서 스케치를 할 때 간단하게 기하학적인 형태로만 그리면 된다. 그러나 지붕의 각도나 담을 그릴 때는 주의해야 한다. 이는 원근법을 나타내는 데 중요한 역할을 하기 때문이다.

4 | 밑칠하기와 드로잉

풍경에 관한 구경이 정리되었다면 이제는 스케치를 하면서 얻은 정보를 일러스트레이션 보드에 옮길 차례이다. 나는 저온 압착 종이를 선택하였는데 이는 중간 정도의 텍스처를 가진 종이 표면이어서 물기를 쉽게 담을 수 있기 때문이다. 이 표면에 드라이 브러쉬 기법을 이용해 더욱 거친 질감의 효과를 주었다. 번트 엄버와 카드뮴 레드를 물과 섞어 10호 돼지털 휠버트 붓으로 보드 전체를 묽게 워시 처리하였다. 이때 붓을 위 아래와 좌우로만 움직였다. 전체적으로 따뜻한 느낌의 밑색을 준비하였기 때문에 워시가 완벽하고 깨끗하게 되지 않아도 괜찮다. 이것이 마른 후 가볍고 뾰족한 목탄으로 풍경을 드로잉하였다.

3 | 장식하기와 조정하기

그림자 부분을 가볍게 빗금으로 처리한다. 이후에 따를 아크릴 작업에서 워시 처리로 명암 줄 곳을 미리 생각한다. 이런 처리들이 일시적인 효과밖에 주지 못하는 것 같지만, 이렇게 함으로써 미리 화면 구성을 고려하고 색상의 깊이를 조정할 수 있어 아크릴 글레이즈 단계에는 큰 도움이 된다. 전경의 건물로 형성된 프레임이 배경의 건물들을 둘러싸며 관람자의 시선을 어떻게 그림의 중앙으로 이끌어 내는지를 노트해 보자.

5 색 레이어 작업

묽고 두꺼운 워시 기법을 이용해 희석된 아크릴 물감을
칠하는데, 크고 납작한 돼지털 붓으로 밀도가 낮고 가볍게
작업을 하였다. 전경에 보이는 빌딩의 어두운 곳은 번트
엄버와 카드뮴 레드를 섞어 표면이 불규칙하게 보이도록
칠했다. 이후 레이어가 더 많이 쌓이면서 밑에 칠해진
색이 위로 비춰 보이고, 이에 따른 빛의 효과도 드러나게
된다. 하늘은 마른 임파스토 작업으로 코발트 블루와
프러시안 블루를 섞어 표현하였다. 지붕은 카드뮴 레드와
오렌지를 섞어 칠하였다.

마무리 작업

그림자 부분을 어둡게 하기 위해 코발트 블루와 카드뮴
레드를 전경의 일부와 길 부분에 칠했다. 그 다음 2호와
4호 돼지털 납작 붓으로 마지막 묘사를 하였다.
비리디언과 코발트 블루를 섞으면 문과 겉창을
묘사하기가 좋고 돌을 간단하게 표현하는 것이나,
프레임은 프러시안 블루나 화이트로 드라이 브러쉬
처리하였다. 번트 엄버와 옐로 오커로 타워와 벽을 덧칠해
그림에 무게감과 사실감을 한층 높이고 벽의 가장 밝은
부분을 그려줌으로써 벽과 다른 면을 명확히 대비시켜
그림의 완성도를 높였다.

풍경화 1
올리브 나무

복잡한 풍경을 그리면 단번에 쉽고 좋은 효과를 내기가 어렵다. 적절한 기법과 적당한 색을 선택하여 작업에 임한다면 간단한 주제라 하더라도 오히려 가장 효과적인 결과를 볼 수 있다는 것을 명심하자. 무엇이든 그림의 소재가 될 수 있다고 수차례 말하였다. 때로는 흥미있는 형태의 사물, 즉 기계의 한 부분이나 나무의 꼬여진 밑둥 등도 훌륭한 소재가 될 수 있는 것이다.

울트라마린 블루   플레이크 화이트

후커스 그린   번트 엄버

번트 시에나   카드뮴 레드

카드뮴 옐로

대낮의 열기와 강한 여름 햇빛의 효과는 야수파의 스타일을 연구하면 쉽게 발견하게 되는 특징이다. 그들은 캔버스 위에서 순수한 색채로 이루어진 강한 선명함을 창조해 내었다. 태양이 높이 떠 내리쬐므로 구부러진 나뭇가지 밑의 작은 그늘에서 관람자의 시선은 항상 쉴 수 있다. 빛이 땅에서 반사되어 오는 시각적 자극과 무성한 잡목이 싱싱하게 대비되는 무더운 여름 낮을 재해석하여 표현한 것이다.

초기 명암 스케치 *1*

이 스케치를 통해 작업의 대상이 결정되었다. 올리브 나무 두 그루에 초점을 맞춰 주제로 삼았다. 나무들이 서로 연계되어 서 있는 위치가 형태를 부각시키고자 하는 나의 연구 주제와 딱 맞아떨어졌다. 큰 나무가 작은 나무 위에서 부채꼴로 퍼지면서 공간감을 만들어 내었다. 이 2B 연필의 스케치는 이후 작업에 필요한 명암까지 묘사해 주고 있다.

TIP

밝고 컬러풀한 소재를 그린다고 하더라도 전체 화면 구성에 있어 여덟 가지 색 이상이 되지 않도록 주의해야 한다. 또한 그 여덟 가지 색 중에 주로 네 가지 색만 사용하는 것이 좋다. 적은 수의 색이 사용될 때 그림은 조화로워지고 통일성을 가져오기 때문이다. 이렇게 하면 그림을 고치거나 다듬는데 드는 시간도 줄일 수 있게 된다.

명암 스케치

2

첫 스케치를 간략하게 처리하면서 짧고 리듬감 있는 터치로 완성작의 분위기를 예측할 수 있다. 이에 따라 이후 어떤 기법을 사용할지도 결정된다. 건조한 단색의 재료로 된 스케치라 하더라도 터치의 방향과 빛을 어떻게 묘사하느냐에 따라 강한 명암의 느낌을 전달할 수 있다.

목탄으로 외곽선 그리기 | 3

터치를 간략화한 후 다음 단계는 밑작업이 된 캔버스 위에 부드러운 목탄으로 간단하게 화면을 구성하는 것이다. 나무를 정확하고 가볍게 스케치하여 화면의 중앙에 배치하고 나무의 그림자를 좌우 가장자리로 뻗어 나가게 하였다.

112

4 밑칠하기

유화 물감인 카드뮴 레드와 번트 시에나를 섞어
칠한다. 희석된 효과를 살리도록 전체에 골고루
바른다. 이와 같은 밑작업의 흔적들은 가볍게 물결치는
듯한 패턴을 만들어 내는데, 이것은 후에 많은
레이어가 쌓여 가며 은은하게 비춰는 효과를 낸다.

기본 색깔 5

강한 레드 빛 하늘은 실제로는 존재하지 않지만, 나는 이
화려한 배경 위로 울트라마린 블루와 화이트를 올려
적당하게 조화를 이루었다. 두껍게 칠한 카드뮴 레드와
번트 시에나로 나무 밑둥과 가지의 단단한 느낌을 살렸다.
6호 둥근 붓으로 드라이 브러쉬 기법을 사용하여 후커스
그린과 카드뮴 옐로로 올리브 나무 위로 멀리 보이는
가지를 그렸다.

6 │ 레이어 작업

이런 종류의 그림은 미리 생각하고 계획해야 하는 부분이
있다. 나는 파란 하늘 사이사이로 보이는 잎사귀에 레드
부분을 특별히 남겨 놓아 후에 이 부분이 가장 밝게
표현되도록 하였다. 이 단계에서 좀더 어두운 영역인
나뭇잎의 밑부분을 번트 엄버를 묻힌 중간 크기의 돼지털
휠버트 붓을 이용해 그렸다. 배경은 블루에 그린을 더해
더욱 어두운 그림자 부분을 강조하고 풍경 너머로
물결치듯 빠지는 효과를 내었다. 시선을 나무로 다시
이끌고, 풍경을 빛나게 하기 위해 작은 돌들을 전경에
배치하고 빠른 웨트 인 웨트 기법으로 크리미 옐로
붓 자국을 만들었다.

사용된 기법들

밑칠하기(46p.)
분절색 효과(60p.)
블렌딩(54p.)
오패크(42p.)
임파스토(42p.)
점묘법(39p.)
웨트 인 웨트(54p.)

마무리 작업 | *7*

마무리 단계에서는 구성을 단단히 다졌는데, 이는 작업실에서 모두 이루어졌다. 또한 처음 작업으로부터 며칠이 지나 물감이 어느 정도 마른 상태였으며, 잠시 손을 놓았던 그림을 다시 살펴보며 부족한 부분을 보충했다. 올리브 나무 잎사귀들이 울창하게 우거진 느낌이 덜한 것을 이때 발견하고 작은 붓 터치로 가늘게 물결치는 듯한 잎사귀 모양으로 보충해 주었다. 프렌치 울트라마린, 후커스 그린과 번트 엄버뿐 아니라 바이올렛을 이용한 붓 터치로 나뭇잎과 가지에 깊은 그림자를 더하였다. 잊지 않고 레드 부분들을 남겨 두어 잎사귀 사이로 보이게 하였다. 이렇게 하지 않았다면 이러한 효과를 만들어 넣는데 더 많은 노력이 들었을 것이다. 전경 부분에 붓 자국을 더 남겨 돌이 깔린 마른 땅을 표현하였다. 나무 뒷부분을 크림 타입의 옐로 물감을 두껍게 칠하여 색의 대비와 깊이감을 더하였다.

빛의 변화
창문의 반사

인공 조명에 의한 빛은 유리 표면에 반사되어 독특하게 보인다. 이것을 밤 풍경의 색상과 명암을 비교, 실험하는 데 훌륭한 도구가 된다. 캔버스의 가장자리를 창문의 틀이라 생각하고 작업하면 더 이상 그림을 자르거나 조정할 필요가 없다. 실내외의 풍경이 서로 겹치면서 다양한 색깔의 빛이 반짝이는 효과를 보여 준다.

변하는 빛 아래 반사되는 표면을 관찰하는 일과 그것을 그림으로 옮기는 일은 매우 다르다.

낮에 유리창에서 반사되는 것은 창에 부딪히는 빛의 양에 따라 달라진다. 밤이 되면 내부의 빛과 외부의 가로등 빛과 같은 것이 두 군데서 비춰 드는데, 때로는 서로 비슷한 조도로 비친다.

사물이 유리창 가까이에서 강하게 반사되면 상황은 더욱 복잡해진다.

마스터 클래스에서의 이러한 연구는 내부나 외부에서 주요 요소를 찾아내고, 이들을 흥미있게 배치한 후 알맞은 색과 톤의 붓 자국으로 반사된 빛의 환영을 성공적으로 표현하는 데 그 의의가 있다.

프러시안 블루	코발트 블루	티타늄 화이트	옐로 오커	후커스 그린
알리자린 크림슨	번트 엄버	카드뮴 레드	카드뮴 옐로	

1 초기 연필 스케치

이 작업은 매우 부드러운 6B 연필을 이용하여 정원의
나무와 담장 기둥을 노트하듯 그렸다. 이와 같은 빠른
스케치는 우리 눈을 복잡한 주제에 익숙하게 하고
화면 구성의 문제점을 해결하도록 해준다. 세로 선의
창틀을 중앙으로부터 비켜 배치함으로써 계획적인
화면 구성을 피하였고, 또한 균형도 이루었다.

2

목탄 명암 스케치

목탄은 매우 어두운 톤과 중간 톤을 표현하기에 좋은
재료이다. 그림의 기본 요소들을 우선 배치한 후 부드러운
목탄으로 드로잉부터 하였다. 이 스케치는 처음 작업한
스케치의 느낌을 잃지 않으면서 그보다 발전된 형태를
띤다. 빛은 오른편에서 뜨게질하는 여인을 밝게 비춘 후
부분적인 실루엣만 남기고 사라진다.

3 캔버스 위에 기본 외곽선 그리기

여러 겹으로 밑작업이 되어 있는 A3 캔버스 위에 뻣뻣한 브리슬 장식 붓으로 결이 굵은 질감을 내었다. HB 연필(목탄도 가능함)로 가장 기본이 되는 선을 그어 초벌 물감칠을 하기 위한 정확한 표시를 해두었다.

TIP

캔버스나 보드 위에 초기 화면을 구성할 때는 너무 자세하게 그리지 않아도 된다. 이 드로잉은 작업이 진행되어 감에 따라 문질러지고 물감에 섞여 들어가 사라질 것이기 때문이다.

4 밑색 칠하기

큰 14호 돼지털 납작 붓으로 카드뮴 레드와 번트 엄버를 섞은 색을 캔버스 판넬 전면에 불투명하게 칠해 바탕에 흰 부분이 남지 않도록 하였다. 이 은은하고 따뜻한 색감은 인공 조명이 들어오는 저녁 무렵의 내부 풍경을 암시한다. 이 단계에서는 그림에 공간감을 주는 것이 가장 중요하다. 프러시안 블루와 바이올렛을 섞어 가장 어두운 명도로 칠해 이미지를 생동감 있게 하였다. 벽에 걸린 액자와 같이 좀더 밝은 물체들에 의해 표현되는 나머지 톤들을 표현함에 있어 드라이 브러쉬와 분절색 효과를 이용하였다. 한 줄로 나열된 연필 자국은 4호의 돼지털 둥근 붓으로 강하게 표현되었고 이러한 중간 톤은 마치 새로운 물감 층 위에 떠 있는 듯한 느낌을 주어 톤의 무게감을 독특하게 보여 준다.

5 글레이즈로 톤 표현하기

글레이즈를 더함으로써 빛은 여러 물감 층을 통해 밝고 투명하게 표현된다. 정원에 있는 나무들은 후커스 그린을 이용하였는데, 이 색으로 나뭇가지 사이와 그 배경의 형태를 한층 어둡게 하였다. 내부에서 보이는 가구는 가장자리에 빛을 받아 나무가 위치하고 있는 곳과 수평이 되게 반사된다. 이것은 카드뮴 옐로와 화이트 물감으로 임파스토 기법에 의해 묘사되었다. 또한 실내 벽에 걸린 액자의 유리에 빛이 반사되는 것도 이와 같은 방법으로 표현되었다. 그림 하단 4분의 1쯤에 보이는 알리자린 크림슨은 임파스토를 문질러 표현한 것인데, 어두운 그린과 대비를 이루고 공기 원근법을 만들어 내어, 화면의 공간감을 깊게 한다. 바이올렛과 코발트 블루를 섞은 강한 톤으로 앉아 있는 사람의 뒷모습을 그렸다.

최종적으로 텍스처 레이어 만들기 | *6*

마무리 단계로 반짝이는 효과를 더하였다. 밑작업에 사용된 붉은 기운이 남아 이 그림에서 가장 묽고도 밝은 부분이 되었다. 그리고 바이올렛, 프러시안 블루와 후커스 그린으로 작업된 밀도 높은 붓 자국과 대조를 이루어 가볍게 보이는 효과가 있다. 세부 묘사로 나무 잎사귀의 풍성함을 나타내기 위해 4호 돼지털 휠버트 붓을 이용한 인상파의 점묘법을 사용하였다. 사람의 형상 주위와 그 위로 반짝이는 빛을 표현한 것은 카드뮴 옐로와 화이트를 섞은 물감을 반투명으로 베일을 씌운 듯 묘사하였다. 또한 강하게 끊어지는 색상으로 프러시안 블루와 바이올렛 위로 반사된 빛의 환영을 성글고 가벼운 붓 터치로 잘 나타내고 있다. 창문 틀은 바이올렛과 화이트 혹은 코발트 블루와 화이트를 길게 그어 명암의 대비와 색의 대비를 함께 나타내면서 빛의 효과를 증대시켰다.

사용된 기법들

밑칠하기(46p.)

스컴블링(39p.)

드라이 브러쉬(39p.)

워시(40p.)

글레이징(40p.)

분절색 효과(60p.)

오패크(42p.)

임파스토(40p.)

풍경화 2
그리스 해안 전경

유화 물감을 이용해 풍경이 변화하는 과정을 기록해 보자.
지형상 재미 있는 곳을 찾아 되도록 자동차 소리나 기타 잡음이 들리지 않는 곳에 이젤을
설치하고, 조용한 분위기에서 작업에 집중한다.
넓은 야외 풍경이나 높은 언덕 등을 그리는 일은 매우 흥미로운 경험이 될 것이다.
빛과 색에 대한 느낌이 매일 다르게 변하는 것을 체험하면서 풍경화의 또 다른 재미를
만끽할 것이다.

코발트 블루

셀룰리언 블루

번트 엄버

알리자린 크림슨

카드뮴 옐로

카드뮴 레드

카드뮴 오렌지

티타늄 화이트

옐로 오커

후커스 그린

그리스를 돌아보는 스케치 여행을 통해 흥미롭고 다양한 대비들을 찾아보았다. 돌로 된 언덕과 먼지 나는 길을 배경으로 올리브가 가득 매달려 늘어진 나무들과 그밖의 농경지들을 볼 수 있었다. 햇살이 내리쬐어 바싹 마른 대지를 뚫고 올라오는 싱싱한 녹색 식물들은 유화를 이용하여 넓은 경치와 다양한 빛의 변화를 표현하는 데 훌륭한 주제가 되었다. 부드럽게 흔들리는 바다가 대지를 둘로 나누고, 동시에 항구와 만을 만들어 내었다. 배들과 작은 농장 건물들은 풍경의 실제감을 더하여 주었고, 화면에 표현된 진한 그림자는 이때가 하루 중 낮임을 알려 준다.

1 │ 스케치 북에 그리기―연필
2B 연필과 카트리지 종이를 이용해 주위 경관을
조심스럽게 그려 내었다. 첫 스케치에서 불필요한 요소를
미리 제거하였다. 그로써 완성된 이미지에 들어갈
주요 요소들에 집중할 수 있었다. 그러므로 이 단계는
매우 중요하다.

스케치 북에 그리기―펜과 워시 │ 2
먼저 작업한 드로잉이 시각적인 재미가 부족한 듯하여
명암과 정도를 잘 관찰하여 다음 단계를 준비하였다. 가는
펜과 세피아 수채 물감으로 어두운 톤과 중간 톤의 명암과
세부 묘사, 그에 따른 질감을 두루 나타내었다.

색, 빛, 온도

이른 아침과 저녁 때 보이는 미묘한 색의 변화에 대해 연구해 보자. 대낮의 바랜 듯한 색의 무료함을 보다 생기 있게 표현할 수도 있을 것이며, 긴 그림자 형상으로 화면의 구성을 더욱 흥미롭게 만들 수도 있다. 이러한 복합적인 결과를 얻어 내기 위해 카드뮴 오렌지와 레드의 따뜻함을 옐로 오커와 시에나를 섞은 것 위에 글레이즈한다. 그러고 더욱 시원한 느낌의 파스텔 블루와 핑크, 그린 계열색과 크림 타입의 옐로와 대비시킴으로써 공기 원근법의 결과를 얻어 내었다. 이 효과는 작은 사이즈의 그림이지만 성공적인 깊이감을 표현할 수 있게 하였다.

TIP

그림 전체를 하나로 생각하여 배경 부분을 지속적으로 발전시킨다. 중경이나 근경도 이와 같은 속도로 작업해 나간다. 이렇게 함으로써 공간감을 나타낼 수 있다.

사용된 기법들

밑작업하기(26p.)
스컴블링(39p.)
워시(40p.)
글레이징(40p.)
분절색 효과(60p.)
오패크(26p.)

3 초기 외곽선 잡기

스케치 작업은 그림의 기본 구조를 위한 보조 도구로 이용한다. 미리 밑작업이 된 캔버스 보드 위에 연필로 외곽선을 그리고, 이어 3호 둥근 붓으로 그것을 강조해 준다. 고요한 오후의 햇살이 감도는 적막한 풍경과 금빛 햇살을 효과적으로 표현하기 위해 유화 물감을 사용하였다.

4 분절색 효과와 글레이즈

하늘과 바다에서 반짝이는 빛을 묘사하는데, 4호 휠버트 붓을 사용하여 드라이 브러쉬 기법으로 셀룰리언 블루를 칠해 주었다. 붓 자국이 만들어 낸 리듬은 하늘과 바다의 움직임을 닮아 있다. 배경을 하늘과 분리하여 표현하기 위해서는 공간에 대한 바른 이해를 갖는 것이 중요하다. 알리자린 크림슨을 화이트에 조금 섞고 옐로 오커를 같은 양으로 섞어 따뜻한 느낌을 만들었다. 이 색으로 산과 지붕을 점묘로 칠하여 서로 연관을 맺게 하였고, 그것을 그림 중앙으로 연결하였다. 분절색에 의해 밑색에서 드러나는 옐로 오커를 이용하여 빛을 비추고 산과 벽돌의 질감을 효과적으로 드러나게 하였다. 이 단계에서 그림의 초점과 근경의 깊이감을 더하는 것으로 마무리할 수 있다. 우선 후커스 그린을 임파스토 기법으로 칠해 나무의 풍성함을 표현하였고, 옐로 오커와 번트 엄버를 섞은 것으로 전경 부분에 위치한 바위 밑의 그림자와 헛간의 뒷면을 묘사하였다.

5 | 미세한 색 더하기

산과 지붕의 밝은 빛은 카드뮴 오렌지와 화이트로
묘사했다. 잡목 아래 구부러진 가지와 건물의 뒷면을 한층
어둡게 하는 데는 바이올렛과 화이트를 사용하였다.
목초에는 희석한 후커스 그린을 칠해 두드러지게 하였고,
멀리 보이는 모래톱은 핑크빛 화이트로 칠해 태양이
내리쬐어 반짝이는 모양으로 묘사하였다.

6 | 텍스처의 세밀 묘사와 명암의 정리

마무리를 너무 많이하면 그림의 감칠 맛과 묘사력이
오히려 떨어질 수 있다. 그림을 이틀 정도 놔두면
판넬의 물감은 모두 마르게 된다. 마무리는 그림의
외곽선을 다시 그리는 것이 아니라 형태와 공간의
환영을 더욱 확실하게 하기 위해 색과 명암을 점묘로
덧칠하는 작업이다. 따라서 좀더 강조해야 할 부분이
있다면 그곳에만 물감을 찍어 조금 더 칠해 주면 된다.
일례로 멀리 보이는 건물에 창문을 하나 더 그려
넣음으로써 마무리를 하였다. 튜브에서 막 짜낸
바이올렛으로 그림자의 깊이감을 더하기도 하였다.

인물화
월터 씨에 대한 연구

사람을 그리는 것은 그리는 작가에게 큰 도전의 계기가 되는 복합적인 주제이다. 그 중 자화상은 시각적인 문제점들이 얽혀 있는 복잡한 형태의 과제이다. 인물화 작업에서는 형태와 뼈대 같은 신체의 구조뿐만 아니라 얼굴을 통해 드러나는 개인적인 성격과 신체적 특성까지 고려되어야 한다. 부드러운 유화의 특성과 아크릴 물감을 이용하여 인물의 반신상을 '만들어' 보자.

인물화에 숙련되기 위해서는 많은 시간을 쏟아부어야 한다. 17세기 할스(Frans Hals, 1581~1666)의 작품은 지금까지 활기찬 몸짓과 명백하고 쉬운 붓 터치로 인물의 특성을 잘 잡아내는 것으로 유명하다. 당신이 인물 작업에서 비슷한 점을 찾아 내었다면, 그것은 이미 어느 정도 작업의 성취감을 느낄 줄 아는 단계에 이르렀다고 본다. 잘 그려진 초상화는 좋은 사진과 같이, 처음 의도보다 더 많은 관중의 호응이 따르게 되어 있다. 이는 그림을 보는 이의

감정이 이입된 것이기 때문이다. 나 자신이 남을 보는 방식과 남들이 나를 보는 방식은 상당히 다르다. 이는 잘 알려진 인물의 초상화가 공개되었을 때 종종 대중의 논쟁을 불러일으키는 것을 보면 알 수 있다. 아름다움은 보는 이의 눈에 달렸다. 포동포동한 어린아이의 피부에서도 아름다움을 발견할 수 있지만, 노인의 깊이 패인 주름에서도 발견될 수 있다. 그러나 이 두 가지 종류의 인물 모두 조심스런 손 놀림과 주의 깊은 채색을 요구한다.

프러시안 블루

플레이크 화이트

옐로 오커

번트 엄버

번트 시에나

카드뮴 레드

카드뮴 옐로

모델 이해하기

그림의 모델과 친숙해지는 것은 작업에 도움을 준다. 그래서 아는 사람들 중에서 모델을 고르는 것이 가장 좋은 방법일 수 있다. 여러 각도에서 모델의 머리 형태, 코나 턱 선, 눈썹과 머리카락 등 얼굴 생김뿐 아니라 모델의 행동, 습관, 태도 등을 관찰해 둔다. 물기가 있는 재료나 마른 재료를 다양하게 사용하여 이러한 관찰을 드로잉으로 남긴다. 나는 작업 초기에 15분 내지 20분씩 할애하여 여러 장의 드로잉을 하였다. 만년필과 잉크, 세척, 부드러운 목탄 연필, 그리고 여러 종류의 B 연필 등을 사용하였다. 모델의 주위를 돌며 여러 각도에서 관찰하여 3차원적인 공간에서의 머리 형태를 연구하였다. 사진을 이용하는 것도 드로잉의 좋은 보충 자료가 된다. 이러한 드로잉 작업은 후에 캔버스로 옮길 때 실질적인 소재가 된다.

1

2 **캔버스 위에 목탄 스케치로 자리잡기**

밑작업이 준비된 A3 캔버스 판넬 위에 뾰족하게 깎은 목탄 연필로 눈과 코, 입과 눈썹의 선, 뺨과 턱에 이르는 간단한 위치를 스케치하였다. 이때 될 수 있는 대로 모델과 흡사하게 형태를 잡도록 하자.

3 밑색 칠하기

번트 시에나와 번트 엄버를 섞어 캔버스 보드의 딱딱한 맛을 줄이고 따뜻한 배경을 제공하여 후에 신선한 톤을 그 위에 올리도록 하였다. 될 수 있는 대로 살색이라고 불리는 물감은 피하도록 한다. 이는 피부를 평평하고 인공적으로 보이게 하는 경향이 있기 때문이다. 10호 돼지털 붓으로 춤 추듯 여러 레이어의 물감으로 표면을 덮어 나갔다. 번트 엄버로 인물의 외곽을 그리고 그림자와 어두운 부분을 칠하였다.

4 글레이즈하기

카드뮴 레드와 옐로 오커를 조금 섞고 밝은 부분은 플레이크 화이트를 이용한 글레이즈로 형태를 좀더 단단하게 정리하였다. 얼굴에서 빛을 받는 부분에 하이라이트를 주었다. 번트 엄버의 붓 자국을 인물의 머리 주위에 남겨 머리 형태가 배경으로부터 돌출되게 하였고, 이로 인해 공간감이 형성되었다. 프러시안 블루 글레이즈는 8호 휠버트 붓을 이용해 스웨트의 주름을 묘사하는 데 사용되었다.

5 형태 만들어 가기

이와 같은 과정을 되풀이하여 모델의 머리와 어깨 형태를 잡아간다. 이 과정에서 물감의 맛과 반투명한 효과를 잃지 않도록 주의한다. 소파의 외곽선은 6호 휠버트 붓을 이용해 옐로와 화이트를 섞어 가벼운 터치로 처리하였다. 인물이 완성되어 감에 있어 얼굴의 왼쪽 면과 턱 아래 부분, 수염 등 빛이 반사되지 않는 부분들도 정리되어 가는 것을 볼 수 있다. 나이가 든 피부의 경우, 표면에 색소 침착 현상이 일어나므로 그 텍스처를 살림으로써 사실적인 묘사가 가능하게 된다. 우유빛의 화이트 아크릴 위시로 스웨터의 짜임을 표현하였다.

TIP

인물의 머리를 스케치하며 각각의 요소를 배치할 때 그것들이 나의 머리에 위치하고 있는 것처럼 느끼면서 작업하면 이해하기가 훨씬 쉬워질 것이다. 각각의 요소가 서로 떨어져 있는 것이 아니라 전체적으로 한 부분이라는 것을 잊지 말아야 한다. 손가락으로 관자놀이로부터 광대뼈와 눈 주위의 골격을 만져 보자. 그 느낌을 시각화하기 위해 머리를 그릴 때 각자의 연결된 위치를 기억한다. 목과 턱의 거친 피부와 입술의 부드러운 텍스처의 변화를 기록한다. 단단한 뼈와 콧등의 물렁뼈는 어떤 차이점이 있는지 알아보자.

사용된 기법들

밑칠하기(46p.)
글레이징(40p.)
분절색 효과(60p.)
블랜딩(54p.)
오패크(42p.)

세부 묘사와 하이라이트 | 6

그림의 상단을 좀더 다듬는 데 있어 소파에 사용된 번트 엄버와 대조를 이루는 카드뮴 옐로를 사용하여 머리 뒤를 좀더 밝은 빛으로 칠하였다. 머리 골격의 자연스런 굴곡은 번트 엄버와 카드뮴 레드, 프러시안 블루를 사용하여 짧고 끊어진 붓 효과를 주었다. 뒤로 물러나 그림을 보면서 마무리 작업을 준비했다. 2호 둥근 붓을 사용하여 불투명한 효과로 세부 묘사를 더하였고, 이 과정을 반복하였다. 끊어진 붓 자국이 너무 두드러져 보이면 4호 브리슬 납작 붓과 부채 모양의 붓을 이용해 블랜딩을 해 주었다.

최종 붓 터치

눈꺼풀과 눈썹, 콧구멍과 부드러운 입술, 수염과 머리 위로 길게 늘어진 머리카락 등의 미세한 형태를 마무리 함으로써 최종적인 이미지를 만들어 내었다. 희미한 블루가 피부의 전반에 깔려 있으며, 스웨터와 얼굴의 털을 배경색으로부터 연장하여 모든 형태가 서로 조화를 이루게 하고 소파 등받이의 형태에서 오는 리듬감을 더하였다. 눈을 자세히 묘사하는 것은 매우 중요하다. 모델의 시선 처리와 그 방향은 그림 전체를 해석하는 데 중요한 요소이며 작품의 감성을 제공해 주고 있다.

정물화
병과 과일

색과 화면 구성은 회화의 중요한 요소이다. 이는 정기적으로 연습할 필요가 있다. 또한 정물화는 여러 기법들을 시도해 보기에 가장 좋은 주제이다. 과일과 꽃, 천, 항아리와 병 등을 통한 다양한 색과 형태를 붓과 물감으로 표현하는 데 상당히 풍성한 소재를 제공하는 것이 정물화이다.

정물화는 원래 큰 회화 작업의 배경 중 한 부분으로 여겼다. 인물이 포즈를 취하고 앉거나 서면 그 옆의 테이블에 와인 병과 부분적으로 잘린 빵덩어리를 올려 놓았다. 16세기와 17세기의 많은 네덜란드 화가들은 이러한 장면에 많은 시간과 정성을 들여 극사실주의로 표현하였다. 유리병 위로 떨어지는 복잡한 빛의 효과나 실크 테이블 천의 주름진 모양 등을 무척 사실적으로 묘사하여 관람자들로 하여금 그림에 손을 뻗쳐 잡아보고 싶은 충동을 불러일으키게 하였다.

오늘날에는 정물화에 대한 어떤 특별한 원칙은 없으나 미리 선택해야 할 사항들은 있다. 우선 익숙하면서도 흥미로운 정물을 정하는 것, 그리고 그것을 창문이나 전등의 빛을 이용해 변하지 않는 광선을 준비하는 것이다. 어떤 주제를 선택할 것이냐도 중요하다. 혹은 텍스처의 대비, 혹은 패턴과 리듬, 혹은 색채 표현에 더 관심을 가져야 할 수도 있다. 이것들은 모두 화면을 구성하는 데 응용된다. 무엇을 선택하든지 몇 가지의 다른 형태를 가진 것들로 정물이 되게 하는데, 이들이 톤과 색의 균형과 대조를 이루도록 한다.

프러시안 블루

플레이크 화이트

알리자린 크림슨

카드뮴 옐로

번트 엄버

옐로 오커

카드뮴 레드

블랙

1 | 형태 연구하기

두 개의 긴 병을 준비하였다. 하나는 토기이고 다른 하나는 테라코타이다. 이 병들을 잘 익은 배 여러 개가 누워 있는 모양과 대조를 이루도록 빳빳한 종이벽의 전면에 배치하였다. 이 그림에는 빛이 여러 각도로 반사되어 들어오면서 흥미로운 배경을 이룬다. 주변 정물은 수많은 색으로 평평하게 정렬되어 있으며, 창문으로 들어오는 한낮의 햇살이 이와 같은 화려한 색상을 연출해 내었다. 나는 실제 작업에 들어가기 앞서 오랜 시간을 들여 연필 스케치를 하면서 작업의 방향을 잡았다. 형태를 연구함에 있어 HB와 2B 연필을 이용하여 명암과 형태를 묘사하였다.

TIP

이 작업은 적당하게 아크릴 물감을 이용한 작업이다. 만약 시간에 쫓기지 않고 여유있게 작업하고자 한다면 물감의 건조를 지연하는 미디엄을 첨가하는 것이 좋다(23p. 참고).

2 | 명암 스케치

빛이 물체의 표면에 닿아 생기는 효과, 즉 그로 인해 우리가 물체의 형태를 구별할 수 있는 표면을 제공하는 것을 이해하는 것은 매우 중요하다. 톤을 풍부하게 사용하기 위해 부드럽게 뭉개지는 목탄 연필을 선택하였고 가장 밝은 아침 햇살을 기다려 스케치 작업을 하였다. 형태를 묘사해서 최고의 효과를 보기 위해서 종이의 흰 부분을 남겨 검은 목탄 색과 강한 대조를 이루게 하였다.

3 | 목탄 스케치로 정물의 위치 정하기

작업의 마지막 준비 단계로 목탄 스케치로 간단히 화면을 구성하였다. 종이벽이 배경의 4분의 3 지점을 편안하게 커버하고, 또한 좁은 가장자리로 배경을 나누고 있는 것을 노트해 둔다. 큰 병이 종이벽과 함께 세로 선의 구성을 강조하는 동시에 볼록한 배의 모양이 가로 선의 균형과 강한 대칭을 이루게 하였다.

4 | 초벌 칠하기

명암과 화면 구성에 기본적으로 문제가 있는지 없는지를 확인한다. 밑작업이 된 A4 판넬에 흰 제소(gesso)를 여러 겹 입힌 후 6호 둥근 브리슬 붓을 이용하여 번트 엄버를 건조하게 칠하면서 기본적인 요소들을 가볍게 배치한다. 이것이 마른 후 카드뮴 옐로로 종이벽을, 알리자린 크림슨과 카드뮴 레드로 선반을 넓게 워시 처리한다.

형태 만들어 가기 | **5**

돼지털 휠버트를 이용해 색색의 글레이즈를 입히면서 계속적으로 물체의 형태와 텍스처를 재정비해 나간다. 묽은 물감으로 제소를 입힌 화면의 질감을 살리고 물체의 텍스처를 조심스레 만들어 준다. 병의 형태를 재확인하기 위해 붓 끝으로 가볍게 외곽을 그려 준다. 그림자를 밑에 그려 배의 둥근 형태가 두드러지게 한다.

6 | 불투명 효과 덧붙이기

채색의 마지막 단계로 짧고 방향감 있는 붓 터치로 글레이즈를 돋보이게 한다. 적은 양의 화이트를 섞어 불투명하고 흰 하이라이트를 표현했다. 번트 엄버와 카드뮴 레드, 화이트를 조금 섞어 불투명한 크리미 색을 만들어 토기병의 단단함을 묘사하였다.

TIP

분절색 효과를 위해 부드럽게 문지르고 싶은 충동이 생길 수 있다. 당신의 이러한 붓 작업으로 독특한 물감 효과가 더해진다는 자신감을 갖자.

7 | 최종 붓 터치

6호 돼지털 둥근 붓으로 세부 묘사와 텍스처를
더하였다. 그림을 건조시킨 후 그 다음날 다시
살펴보았다. 그림을 제대로 평가하기 위해서는 새로운
안목이 필요하다. 빛을 보충하여 서로 맞붙은 어두운
면을 분리하고 그림의 분위기를 한층 높였다.

연작
바닷가 풍경

햇살을 받으며 모래사장을 가볍게 거니는 것, 바다의 풍경과 특이한 동식물이 모인 바닷가, 이러한 것은 바닷가에서 여름 방학을 지내며 누릴 수 있는 즐거움의 극히 일부분에 불과하다. 물론 겨울에도 화가들에게 영감을 줄 수 있겠지만 계절이 달라짐에 따라 그림의 색과 분위기가 바뀌어 가는 것이 사실이다. 이때 바다 주위에는 사람들이 그리 많지 않고, 몇몇의 낚시꾼과 조깅하러 나오는 사람들이 고작이다. 이 사람들이 수많은 피서객들로 북적거렸던 여름 해변을 대신하고 있을 뿐이다. 이번 연구는 지금까지의 관찰을 그림으로 나타내는 일련의 스냅 샷을 구성해 보는 것이다. 연필과 펜, 물감 등 다양한 재료를 이용하여 작업해 보자.

해변과 항구에서 시간을 보내며 풍경을 관찰, 연구하고 배의 형태와 색, 각양각색의 돛 등을 기록한다. 또한 물결과 파도의 거품, 쇄파와 큰 파도 등의 형태와 움직임에도 익숙해지도록 한다. 빛과 색을 관찰하여 그것이 변화함에 따라 물체의 톤이 달라지는 것을 노트한다. 이러한 변화들은 너무익숙한 나머지 소홀히 여기게 되는데, 사실상 작업에 있어서는 상당히 중요한 요소가 된다.

사실 휴양지 주위를 여행한 의도는 이 지역 사람들과 풍경과 그 특성을 기록하는 데 있었다.

스케치 북에 연구 기록하기

계속되는 이러한 기록들은 이후 그릴 그림에 큰 도움이 된다. 이러한 과정은 작업의 아이디어를 싹트게 하고 이러한 것들이 발전하여 결국엔 캔버스 위에 다양한 색감을 가진 작품이 완성되는 것이다. 언제든지 스케치 북을 가지고 다니는 습관을 갖도록 하여 매순간을 기록해 보자. 보이는 것이 빠르게 지나가는 것이라면 간단히 노트를 하고, 만약 오랜 시간 관찰할 수 있는 것이라면 그것의 풍성한 톤을 노트해 둔다. 시작하기 전 어떤 의도로 드로잉할 것인지 분명하게 하자.

1 | 만년필과 잉크, 가는 펜을 이용한 연구
해안가 배들이 이루는 '건축'은 바람에 팽팽해진 커다란
돛이 화면을 가로 지르고 훌륭한 곡선을 뽑아 내며
다이내믹한 풍경을 연출해 낸다. 이 그림에서와 같이 배가
화면 구성의 주요 요소가 되기도 하는데, 때로는 배들이
한 줄로 늘어선 모양을 조심스럽게 배경으로 지정하고
사람들의 움직임을 전면에 놓을 수도 있다.

2 | 빠른 연필 스케치
우리의 생각은 임의의 흔적들을 우리의 경험에
연결시키고 그것을 일련을 장면으로 정렬하려는 경향이
있다. 이 번잡한 배들의 형상은 일관성 없이 복잡하게
나열되어 있고 갈매기들도 긴장감 있게 그려져 있어 이미
이와 같은 소재를 그림 안에 재해석하여 배치하였음을
보여 준다.

사용된 기법들

밑작업하기(26p.)
밑칠하기(46p.)
스컴블링(39p.)
분절색 효과(60p.)
오패크−화이트(42p.)
임파스토(40p.)

3 | 펜과 잉크 스케치

형상과 색을 기록해 두었다가 후에 그림을 완성하는 데 참고로 하였다. 서핑 보드의 푸른 빛이 옐로 오커 빛의 모래 위에 어떤 느낌을 가져왔는지 기록한다. 이 두 가지 색은 서로 완벽히 작용하여 시각적 긴장감을 유발한다. 캔버스 판넬 위에 번트 시에나로 밑색을 깔아 두었는데 이것은 돛과 하늘의 거칠고 마른 붓질의 사이사이로 비춰 보이고 있다. 전체적으로 블루 톤이 주종을 이루는데, 이와 대조적으로 해안선 중심에서 살짝 비껴 간 곳에 카드뮴 레드 띠를 두른 흰 돛단배를 배치하여 색상의 대조를 두드러지게 하였다. 이런 효과로 주의를 환기시키는 것은 그림을 그릴 때 종종 사용되는 기법이다.

따뜻하고 맑은 날 시간도 많이 주어진다면 넓은 풍경을
그려 보자. 여기 해안의 건물들과 바닷가 벽의 돌출된
외곽을 따라 걷고 있는 사람들의 형상이 있다. 바다에서
밀려드는 파도는 해안을 더욱 두드러져 보이게 하면서
화면 구성에 강한 인상을 준다. 동시에 움직이는 사람의
형상을 배치할 범위를 정해 준다. 가장 가까이에 위치한
한 쌍의 커플은 그림의 선을 넘어 지정된 지역을 벗어나서
우리를 향해 계속하여 걸어오고 있는 듯한 환영을 준다.
번트 시에나로 칠해진 밑색이 에너제틱한 하늘을
강조하기 위해 사이사이로 비쳐 보인다.

5 | 에너제틱한 움직임 연구

이 스케치는 해안에서 공놀이를 하는 모습을 그린 것이다.
형상이 계속 움직이므로 움직임의 여러 종류대로
기억하여 붓 작업으로 옮겼다. 이런 경우 해부학에 관한
지식이 있으면 정확한 형상을 재현하기 쉽다. 점을 찍듯
그리는 붓 자국은 움직임에 대한 감각을 더해 준다.
이러한 효과는 놀랄 만큼 적은 묘사로도 그림 안의
움직임을 표현해 낼 때 볼 수 있다. 이와 같은 페인트
스케치를 할 때는 너무 많이 다듬지 않도록 주의한다.
그림이 신선하게 완성되어 보이는 순간에 붓을 놓도록
한다.

7 | 세부 연구

부드러운 붓과 잉크로 스케치하는 동안 이와 같은 친근감 있는 영감을 받았다. 자갈이 깔린 해변과 수면에 반짝이는 빛을 주의하여 표현하였다. 짧은 붓 터치와 점묘로 높은 채도의 색과 낮은 채도의 색을 섞어 주었다. 빛의 감각은 이러한 반대 색의 시각적 대비로 얻어지는 것이다. 눈에 보이는 대로 정확하게 그리는 것만이 중요한 것이 아니라 색에 대한 이론을 이해함으로써 당신만의 표현력을 기를 수 있다. 예를 들어, 이 그림에서 볼 수 있는 붉은 빛의 바다 같은 것이다. 아이와 엄마의 옷을 두꺼운 화이트로 묘사함으로써 오후 햇살의 강렬함을 드러내었다.

6 | 연필, 세피아 잉크와 붓으로 스케치하기

물가에 앉아 쉬고 있는 가족의 모습을 여러 번 조심스럽게 드로잉한 후 명암을 넣었다. 간단하게 붓 작업을 하였다. 이런 그림에는 화려하고 복잡한 붓 자국은 어울리지 않는다.

용어 해설

1차색 Primary colours
레드, 옐로, 블루의 세 가지 색으로 다른 외부의 색을 혼합하여 만들 수 없는 기본 색이다. 이 세 가지를 다양하게 혼합하여 기본적으로 모든 색을 만들어 낼 수 있다.

2차색 Secondary colours
두 가지 다른 1차색을 섞어 얻어 낼 수 있는 색: 옐로와 블루를 혼합하여 2차색인 그린을 만든다. 레드와 옐로를 혼합하여 2차색인 오렌지를 만든다. 레드와 블루를 혼합하여 2차색인 바이올렛을 만든다.

3차색 Tertiary colours
세 가지 1차색을 모두 섞어 만든 색으로 1차색과 그와 인접한 2차색을 혼합한다.

거친종이 Rough
텍스처가 표면에 매우 많이 보이는 종이로 수공예인 경우가 많다.

결 Tooth
서포트 표면의 텍스처나 질감의 거칠기를 표현하는 것으로 물감을 머금을 수 있는 정도를 결정한다. 매끈한 종이는 결이 적어 물감을 적게 먹는다.

겹쳐 칠하는 워시 Overlaying washes
물감을 워시 처리로 쌓아 올리는 기법인데, 점차적으로 톤이나 색의 깊이감을 높인다.

고온 압착 Hot pressed(H.P.)
매우 매끄러운 표면을 가진 종이로 고온의 롤러로 압력을 받아 제조된다.

공기 원근법 Aerial perspective
멀리 위치한 물체가 뿌옇게 밝은 톤으로 보이는 상태. 그림 안에서 원경의 경우에는 뿌옇고 차가운 색을, 근경의 경우에는 밝고 따뜻한 색을 사용하여 깊이와 거리감의 환영을 만들어 낸다. 이것을 공기 원근법이라 한다.

구성 Composition
색과 빛, 그림자나 형태, 리듬과 같은 요소들을 그림 안에서 배열하는 것

글레이즈 Glaze
주로 유화에서 사용되는 용어이나 때로는 아크릴화에서도 사용되며 단일색으로 워시 처리하는 전반을 가리킨다.

긁어 내기 Scratching out
날카로운 날을 사용하여 작업의 표면으로부터 안료를 제거하여 밑색이 드러나 보이게 하는 기법. 이 기법으로 작은 부분의 하이라이트를 표현할 수 있다.

끌기 Dragged
텍스처를 만드는 붓 작업인데, 붓이 종이를 가로 질러 끌 듯이 당기며 물감을 칠한다.

낫 종이 Not paper
저온 압착 종이로 곱거나 중간 정도 질감의 표면을 지닌다. 문자 그대로 '고온 압착 하지 않은(Not hot pressed)' 종이이다.

네가티브 공간 Negative space
화면 구성에 있어 물체 간의 공간

담비털 Sable
밍크의 꼬리털로 세부 묘사를 위한 부드럽고 가는 붓 작업에 적합하다.

드라이 브러쉬 Dry brush
물감을 붓에 건조하게 묻히고 질감이 표현되는 종이의 표면을 가로 질러 끌 듯이 그어 분절되고 가벼운 느낌의 텍스처를 만든다.

따뜻한 색 Warm colours
오렌지나 레드, 옐로와 같은 색으로 그림의 전면으로 진출해 보이는 성질이 있다.

로 키 색 Low-key colour
하이 키 색의 반대말로 색의 채도가 떨어지거나 약해진 색

로컬 색 Local colour
빛이나 환경의 외부 조건에 영향을 받지 않은 물체 고유의 색

리지스트 Resist
수용성 물감과 종이나 캔버스 간의 접촉을 방지하는 과정으로 기름기가 있거나 왁스 성분이 있는 막을 형성한다. 양초나 왁스 크레용, 혹은 오일 파스텔과 같은 재료는 종이의 표면에 묻어 물을 밀어 내는 성질을 갖는다. 왁스가 묻지 않은 부분에는 물감이 흡수되며 분절색 효과를 만들어 낸다.

린 Lean
기름이 적게 함유된 묽은 물감의 상태 내광성 Lightfastness 빛에 의해 색이 바래지 않는 성질

린시드 오일 Linseed oil
아마, 혹은 린넨의 씨앗에서 추출한 성분으로 만든 기름인데, 마르는 시간이 짧아 바인더로 쓰이기도 한다. 마른 후에는 단단해진다.

마스킹 액 Masking fluid
액상 라텍스 성분으로 되어 있어 그림을 그릴 때 특정한 부분에 물감이 닿는 것을 막아 주며 마른 후 고무 성분의 막을 형성해 문질러서 제거할 수 있다.

마스킹하기 Masking out
마스킹 액이나 다른 재료를 이용하여 종이의 특정한 부분을 보호하여 물감이 묻지 않도록 하는 기법

마스킹 테이프 Masking tape
점성이 약한 종이 테이프로, 마스킹을 할 때나 드로잉 보드에 종이를 고정시킬 때 임시로 사용하는 테이프이다. 이 테이프는 종이의 표면에 손상을 주지 않으며 제거된다.

모노크롬 Monochrome/monochromatic
단일한 색으로 다양한 톤을 구사한 드로잉이나 회화
작업

미디엄 Medium
회화에 사용되는 재료를 지칭하는 용어로 안료를
엉기게 하는 기능과 함께 유화나 아크릴화 재료의
성격을 다양하게 변화시키기도 한다.

밑칠된 톤 Toned ground
밑작업이 되어 있는 표면에 단일한 톤으로 불투명하게
레이어 작업을 한 것이다.

밑색 칠하기 Underpainting
작업의 준비 단계로 미리 칠해 놓는 레이어로 이후 이
위에 물감이 올라가게 된다.

밑 작업된 바탕 Ground
프라임이 발라졌거나 코팅이 된 표면으로 그 위에 본
작업이 올려진다. 색이 칠해진 바탕은 희석된 중간
톤으로 이후에 작업되어지는 색을 하나로 융합한다.
이것은 화이트 프라이머 위에 워시 처리된 불투명한
얼룩으로 표현되기도 한다.

밑작업하기 Priming
작업을 시작하기 전 서포트의 표면에 작업 재료를
지나치게 많이 흡수되지 않도록 기본적으로 한 겹을
칠해 주는 작업 과정

밑칠하기 Blocking in
넓은 영역을 물감으로 칠해 그림의 바탕을 만들어 주는
작업

바래는 색 Fugitive
내광성이 없어 시간이 지나면서 바래어 없어지는 색

바인더 Binder
안료 입자를 뭉쳐 주는 물질로 물감의 형태를 만들어
준다. 아크릴 바인더는 가용성 폴리머 이멀전인 반면에

유화의 경우에는 린시드나 식물성 오일이다.
오일이 산소를 흡수하며 건조되면서 안료는 표면에
부착된다.

배니쉬 Varnish
그림을 완성한 후 작업된 표면을 보호하기 위해
사용하는 미디엄으로 매트한 표면과 글로스한 표면을
만들어 낼 수 있다.

보색 Complementary colours
색상환에서 서로 마주 보고 있는 색으로 가장 반대되는
색이다. 1차색의 보색은 나머지 두 1차색을 섞어서
만든다.

분절색 Broken colour
시각적 혼합을 위해 서로 이웃하고 있는 색들로 종종
의도적으로 일정하지 않게 칠해져 그 사이로 빛이
반사되게 한다. 스컴블링이나 드라이 브러쉬 기법으로
만들어진다.

브리슬 붓 Bristle brushes
탄력이 좋고 거친 털로 된 붓이다. 넓은 영역의 톤을
레이어 기법으로 작업하기에 유용하다.

블랜드 Blend
서로 다른 톤과 색깔의 두 영역을 점차 부드럽게
연결하는 것

빗금치기 Hatching
붓을 이용해 쉐이딩을 드로잉하는 것으로 톤을
생성해 낸다.

사이즈 Size
젤라틴 성분인데, 종이나 캔버스에 발라 기름에 의해
종이가 부식되는 것을 방지하고 서포트의 흡수력을
조절하는 기능을 한다. 제소 바인더로 사용되기도 한다.

서포트 Support
물감을 바르는 표면으로 주로 유화나 아크릴화를

작업하는 종이, 캔버스 또는 나무 판넬을 지칭한다.

쇠테 Ferrule
붓의 손잡이 부분으로 붓의 털을 잡아 둘러 고정시키는
기능을 하는 둥근 쇠로 만든 부분

쉐이드 Shade
어두워진 색

스컴블링 Scumbling
밑색이 칠해진 부분 위로 자유로운 붓 작업으로 물감을
칠하는 것으로 밑바탕에서부터 물감 색이 비춰
올라오는 것을 볼 수 있다.

시각적 혼합 Optical mixing
서로 다른 두 색이 인접하게 위치하여 새로운 색이
되어 보이는 환영을 만들어 내는데, 이것은 팔레트에서
혼합하는 방식과는 다르다. 거리를 두고 바라보면 가장
효과가 좋은데, 관람자의 눈이 이것들을 혼합하여
단색으로 느끼게 된다.('분절색 효과' 참고)

시각점 Focal point
그림 안에서 시각적으로 가장 흥미 있는 주요 영역

아크릴 제소 Acrylic gocco
아크릴화를 위해 고안된 프라이머로 밑작업에 쓰인다.
전통적인 '제소' 와는 차이가 있다.

안료 Pigment
색이 있는 미립자 형태로 물감이나 드로잉 재료의 기본
요소가 된다.

알라 프리마 Alla prima
'처음' 이라는 뜻을 가진 용어로, 물감이 다 마르기
전에 단번에 끝내야 한다. 레이어가 생기지 않으며
순간적으로 마무리하는 숙련된 붓 작업을 필요로 한다.

어두운 면 Darks
보통 그림자를 표현하는 그림의 영역

영구색 Permanent colours
내광성이 있어 빛이 바래지 않는 색

오패크 Opaque
불투명한 물감의 미디엄으로 빛이 통과하거나 반사되지 못한다. 전문가용 물감 Artists' quality pain 질이 좋은 물감으로 가장 순수한 안료와 강한 색감을 가진다.

외광 Plein air
야외에서 작업하는 것

원근법 Perspective
2차원적 평면 위에 3차원적인 물체감을 표현하는 것으로 물체가 작아지면 멀리 물러나 보이는 것을 포함한다. 이것은 드로잉한 선들을 지평선이나 화가 눈높이의 소실점으로 한데 모아줌으로써 실행된다. 화가의 위치보다 위에 존재하는 선은 소실점을 향해 내려오고 화가보다 아래에 위치하는 선은 소실점을 향해 올라오게 된다.

웨트 온 드라이 Wet-on-dry
마른 표면에 젖은 물감의 붓 작업을 하는 것

웨트 인 웨트 Wet-in-wet
두 가지의 마르지 않은 색이 서포트 위에서 상호 작용하는 것

이멀전 Emulsion
아크릴 수지 용액을 지칭하는 용어로 물에 떠다닌다.

이젤 Easel
작가의 작품을 떠받치는 고정된 틀이다. 똑바로 서 있거나 약간 기울기가 있다. 스튜디오 이젤은 무거운 나무 구조물이지만, 접기식 이젤은 가벼운 금속이나 나무로 만들어져 있다.

인접색 Adjacent colours
색상환에서 서로 이웃하고 있는 색들

인접색 Adjacent colours
색상환에서 서로 이웃하고 있는 색들

임파스토 Impasto
물감을 두껍게 발라 작업하는 것으로 튜브에서 직접 짜서 사용한다.

자연색 Earth colours
진흙이나 철의 산화물, 그밖의 미네럴과 같은 자연적인 재료로 만들어진 색. 오커, 시에나와 엄버 계열의 색은 자연색에 속한다.

저온 압착 Cold pressed(C.P.)
기술적인 용어로 종이가 제조될 때 저온의 롤러에 압력을 받은 것. 이 종이의 표면은 '고온 압착' 의 종이만큼 매끄럽지 않고 '거친 종이' 와 같은 질감이다. 이것은 '낫(NOT)' 으로 불리기도 하는데, 이는 '고온 압착이 아닌(not hot pressed)' 종이이기 때문이다.

제소 Gesso
토끼 가죽 글루와 플라스터로 만든 유화의 밑작업에 사용 되는 재료

주름지기 Cockling
스트레치가 처리되지 않은 종이에 물기가 묻었을 때 구겨지는 현상

중간 색 Neutral colour
두 보색을 혼합하여 만든 색으로 흐릿하게 중성화시키는 효과를 낸다. 혼합을 계속하면 그레이가 만들어진다.

중간 톤 Half tones
가장 밝은 하이라이트와 가장 어두운 그림자 사이에 존재하는 중간 단계의 명도의 정도

즈그라피토 Sgraffito
물감이 묻은 표면을 나이프를 이용해 긁어 냄으로써 마른 물감에 스크래치를 내어 텍스처가 있는 효과를 만들어 낸다.

지연제 Retarder
아크릴 물감에 섞어 사용되는 미디엄으로 물감이 마르는 시간을 늦춰 준다. 색을 변하게 하기도 한다.

질감 Grain
수채화 종이의 표면에서 느껴지는 텍스처

차가운 색 Cool colour
블루나 그린은 보통 차가운 색으로 분류된다. 멀리 있는 색은 보통 차가운 느낌과 후퇴해 보이는 성질이 있다.

채도 Saturation
색의 강한 정도: 채도가 높은 색은 선명하고 강하고 채도가 낮은 색은 흐리고 우중충하다.

채도가 낮은 색 Unsaturated colour
순수하고 채도가 높은 색과 또 다른 색을 섞으면 틴트나 쉐이드를 만들어 내며 채도가 낮아진다.

초벌 칠하기 Laying in
초기 드로잉 위에 칠해지는 첫 단계의 페인팅으로 '밑칠하기' 라고도 한다.

캔버스 프레임 Stretcher
나무로 만들 어진 틀로 캔버스를 당겨 펴는 곳. 드럼의 가죽을 고정시키는 곳과 같다.

크로마 Chroma
색의 채도나 색의 강한 정도

크로마틱 Chromatic
어떤 색이 속해 있는 색의 성질의 정도

키아러스큐로 Chiaroscuro
유화에서 사용되는 강한 톤의 대비를 가리키는 용어로

사전적으로는 '선명한/흐릿한'의 뜻이다.

틴트 Tint
화이트가 섞인 모든 색

톤 Tone
색의 밝기와 어둡기로 특히 빛이 물체 위에
드라마틱하게 떨어질 때 분명하게 볼 수 있다.

팔 받침 Mahl stick
대나무 막대기로 1.25m 정도로 길고 끝에 천을
감아공과 같이 마무리되어 있어 화가가 마르지 않은
캔버스에 작업을 할 때 팔을 받치고 붓 작업을 할 수
있게 고안된 도구

팔레트 Palette
색을 섞는 데 사용되는 평평한 판으로 나무나 플라스틱
재질이다. 손바닥 위에 들고 고정시키기 위해 엄지
손가락을 넣는 구멍이 있다. 플라스틱 팔레트는 여러
개의 홈이 있어 여러 다른 종류의 색을 동시에 섞기에
적합하다. '전문가적 팔레트'란 개인적인 취향에 따라
선택되어진 여러 색을 의미한다.

팻 Fat
기름 성분이 많이 함유된 물감

팻 오버 린 Fat-over-lean
그림에서 레이어를 쌓아갈 때 나중에 작업된 레이어가
계속적으로 기름을 더 많이 함유해야 하는 법칙.
이렇게 함으로써 나중 작업된 레이어가 먼저 된 것보다
유연하게 되어 물감의 균열을 막을 수 있게 된다.

평평한 색 Flat colour
톤과 색이 단일하게 칠해진 색

표면 Surface
캔버스나 종이의 텍스처를 가리키는 용어. 예를 들어
'거친' 종이나 '낮' 종이, 중간 거친 종이, 고온 압착
종이(매끄러운 표면) 등으로 구분한다.

프탈로(시아닌) Phthalo(cyanine)
구리를 기본으로 하여 추출된 현대식 안료로 뛰어난
내광성을 지닌 투명한 블루나 그린을 가리킨다.

하이 키 색 High-key colour
밝고 채도가 높은 색인데, 보통 흰 바탕 위에 칠해진다.

후퇴색 Receding colour
흐린 블루와 같이 관람자로부터 멀리 물러나 보이는
성질을 가진 색으로 그림에 거리감을 조성한다.

하이라이트 Highlight
그림에 표현되는 가장 밝은 톤으로 종이나 캔버스에
물감이 칠해지지 않은 흰 부분이거나 색이 칠해진 위에
가장 밝은 톤을 만들기 위해 덧바른 화이트를
가리킨다.

휴 Hue
레드나 블루와 같이 고유한 색의 이름을 지칭하는 용어

흡수성 Absorbency
종이나 캔버스가 물감을 빨아들일 수 있는 정도.
이것은 사이즈라고 불리는 젤라틴 성분에 의해
조절된다.

희석제 Dilutent
아크릴 물감이나 유화 물감을 연하게 만드는 액체로
물이나 테레핀을 들 수 있다.

감사의 말

작가이자 화가인 올리브 쿡(Olive Cook, 1912~2002)은 열정적 삶을 살다 간 분이다. 그 열정 때문에 우리의 친분은 두터워졌다.

균형 있게 책을 디자인해 준 케이트와 모든 것을 종합하여 훌륭하게 편집해 준 로렌스에게 감사를 전한다.

그리고 이렇게 훌륭한 그림과 헌신적인 우정을 보여 준 닉에게 감사한다.

도판에 대하여

〈들어가는 글〉에 제시된 모든 그림들은 아트 아카이브의 허가를 받아 게재되었다.
7쪽 내셔널 갤러리 런던/ 엘린 트위디, 8쪽 갤러리아 브레라 밀란/알번/죠셉 마틴, 9쪽 (위) 프라이빗 콜렉션/엘린 트위디, (아래)테이트 갤러리 런던/엘린 트위디, 10쪽 니콜라스 사피에하.

번역_ 채현정

홍익대학교 회화과 졸업
홍익대학교 대학원 회화과 졸업(석사)
뉴욕대학교(퍼포먼스 이론 전공) 석사 졸업
오하이오 주립대학교(Dance and Technology) 석사 과정 중
현재 인디애나 주립대학 영재교육학과(클레이 애니매이션) 강사

감수_ 장문걸

서울대학교 미술대학 회화과 졸업
서울대학교 대학원(서양화 전공) 졸업
현재 서울여자대학교 미술대학 서양화과 교수

oils and acrylics | 유화와 아크릴화

2006년 10월 25일 초판 인쇄
2006년 10월 30일 초판 발행

그림 | 닉 티드남, 커티스 타펜든
번역 | 채현정
감수 | 장문걸
펴낸이 | 정종진

기획 | 최홍순
편집 | 김재경, 김소순
마케팅 | 김종렬

펴낸곳 | 지식더미
파는곳 | 도서출판 성림
　　　　서울시 서초구 방배본동 766-34 덕성빌딩 3층
　　　　전화. 02-534-3074~5 / 팩스. 02-534-3076
　　　　homepage. www.sunglimbook.com

등록일자 | 1989년 11월 21일
등록번호 | 2-911

ISBN 89-7124-068-7

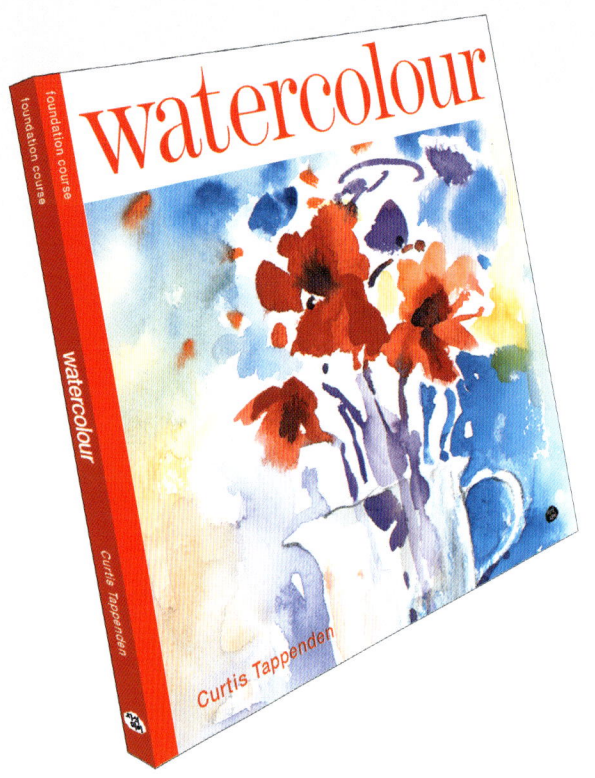

watercolour
수채화

이 책은 전문작가나 초보자 모두에게 적합하다. 이제 막 미술에 입문한 사람이라면 기초 과정을 거치면서 작업의 기술도 발전하고 자신감도 다져질 것이다. 이미 드로잉과 페인팅 의 경험이 있는 사람이라면 발전된 테크닉과 도전적인 작품 주제를 마주하면 한층 작업의 내용이 깊어질 것이다. 또한 작업의 취약한 부분이 훈련되어 더욱 발전할 것이다.

'수채화의 기본 기법' 은 값진 작업의 팁과 작업을 쉽고 자연스럽게 이끌어 가기 위한 트릭 을 제공할 뿐 아니라, 숙련된 작업에서도 생길 수 있는 실수들을 어떻게 수정하는지, 또한 그런 '즐거운 실수' 를 어떻게 연구해 나갈 수 있는지도 보여주고 있다. 어쨌든 이런 과정 을 통해 더욱 만족스럽고 전문적인 결과를 얻을 수 있을 것이다.

그림_ 커티스 타펜든 | 번역_ 채현정 | 감수_ 장문걸 | 144쪽 | 18,000원